特殊医学用途配方食品
相关法规标准汇编

中国营养保健食品协会
当代绿色经济研究中心　组织编写

FSMP

中国医药科技出版社

内 容 提 要

特殊医学用途配方食品，是为了满足由于完全或部分进食受限、消化吸收障碍或代谢紊乱人群的每日营养需要，或满足由于某种医学状况或疾病而产生的对某些营养素或日常膳食的特殊需要的食品，是临床医生和营养师进行营养支持的重要武器。我国对特殊营养需求的人群数量庞大，对特殊医学用途配方食品的管理也正在逐步完善，本书对特殊医学用途配方食品的相关法规标准进行了汇编，便于各级食品药品监管人员和广大从业人员熟悉和了解特殊医学用途配方食品相关法规标准，是从事特殊医学用途配方食品工作人员必不可少的工具书。

图书在版编目（CIP）数据

特殊医学用途配方食品相关法规标准汇编 / 中国营养保健食品协会，当代绿色经济研究中心组织编写 . —北京：中国医药科技出版社，2017.12

ISBN 978-7-5067-9728-3

Ⅰ . ①特… Ⅱ . ①中… ②当… Ⅲ . ①疗效食品－标准－中国 Ⅳ . ① TS218-65

中国版本图书馆 CIP 数据核字（2017）第 277907 号

美术编辑 陈君杞
版式设计 也 在

出版 中国医药科技出版社
地址 北京市海淀区文慧园北路甲 22 号
邮编 100082
电话 发行：010 – 62227427 邮购：010 – 62236938
网址 www.cmstp.com
规格 889×1194mm $\frac{1}{16}$
印张 12 $\frac{3}{4}$
字数 236 千字
版次 2017 年 12 月第 1 版
印次 2017 年 12 月第 1 次印刷
印刷 北京九天众诚印刷有限公司
经销 全国各地新华书店
书号 ISBN 978-7-5067-9728-3
定价 **38.00 元**

前　言

　　特殊医学用途配方食品（以下称"特医食品"），是临床医生和营养师进行营养支持的重要武器。它是为了满足由于完全或部分进食受限、消化吸收障碍或代谢紊乱人群的每日营养需要，或满足由于某种医学状况或疾病而产生的对某些营养素或日常膳食的特殊需要。这类食品由临床医生和营养师指导使用，对患者进行营养支持，是疾病治疗、康复及机体功能维持的必需品。

　　早在 20 世纪 80~90 年代，国外就已经在临床上普遍使用特医食品，欧洲、美国、加拿大等发达国家和地区应用尤其广泛。经过临床实践，特医食品在改善病人营养状况、促进病人康复、缩短住院时间、节省医疗费用等方面发挥了巨大作用，被许多国家列入医保报销范围。从我国的实际情况看，特医食品不可或缺，发展正当其时。未来一段时间，将是中国特医食品飞速发展的重要时期。

　　我国有特殊营养需求的人群数量庞大，包括：正常生理状况下具有特殊营养需求的人群，如孕产妇、老年人、早产婴儿等；病理状况下具有特殊营养需求的人群，如肾病、糖尿病、肿瘤等各种疾病患者，手术等损伤人群术前准备及术后护理等。特医食品不是药品，不能替代药物的治疗作用，产品也不得声称对疾病的预防和治疗功能。然而，在营养食品领域，特医食品通过为患者提供经过科学论证的营养配方，能与药品共同辅助疾病治疗，加快人体机能的恢复。

　　中国政府为推动和规范特殊医学用途配方食品在中国的发展，先后制定颁布相关法规标准。2010 年，原卫生部发布《食品安全国家标准 特殊医学用途婴儿配方食品通则》（ GB 25596—2010 ）；2013 年国家卫生和计划生育委员会发布《食品安全国家标准 特殊医学用途配方食品通则》（ GB 29922—2013 ）及《食品安全国家标准 特殊医学用途配方食品良好生产规范》（GB 29923—2013）；2015 年《中华人民共和国食品安全法》修订并施行，明确了特医食品纳入特殊食品，实施严格管理；2016 年，国家食品药品监督管理总局陆续发布《特殊医学用途配方食品注册管理办法》以及其他相关管理制度。

中国营养保健食品协会（CNHFA）是由国家食品药品监督管理总局主管的全国性食品行业组织，旨在建立一个政府指导、会员共建、社会各方力量参与、专注于营养食品和保健食品行业的社会团体。协会以维护政府、行业、公众的健康和谐，最终让消费者受益为愿景，积极搭建桥梁，认真做好服务。为推动我国特医食品发展，协会分别组织成立了特医食品产业委员会以及特医食品临床应用委员会，不断开展特医食品政策法规宣贯培训。现将特医食品法规标准汇编成册，以供各界参考阅读。

中国营养保健食品协会会长

二〇一七年十月

目录

contents

中华人民共和国主席令

第二十一号

《中华人民共和国食品安全法》已由中华人民共和国第十二届全国人民代表大会常务委员会第十四次会议于 2015 年 4 月 24 日修订通过，现将修订后的《中华人民共和国食品安全法》公布，自 2015 年 10 月 1 日起施行。

中华人民共和国主席　习近平

2015 年 4 月 24 日

中华人民共和国食品安全法

（2009 年 2 月 28 日第十一届全国人民代表大会常务委员会第七次会议通过 2015 年 4 月 24 日第十二届全国人民代表大会常务委员会第十四次会议修订）

目　　录

第一章 总 则

第一条 为了保证食品安全，保障公众身体健康和生命安全，制定本法。

第二条 在中华人民共和国境内从事下列活动，应当遵守本法：

（一）食品生产和加工（以下称食品生产），食品销售和餐饮服务（以下称食品经营）；

（二）食品添加剂的生产经营；

（三）用于食品的包装材料、容器、洗涤剂、消毒剂和用于食品生产经营的工具、设备（以下称食品相关产品）的生产经营；

（四）食品生产经营者使用食品添加剂、食品相关产品；

（五）食品的贮存和运输；

（六）对食品、食品添加剂、食品相关产品的安全管理。

供食用的源于农业的初级产品（以下称食用农产品）的质量安全管理，遵守《中华人民共和国农产品质量安全法》的规定。但是，食用农产品的市场销售、有关质量安全标准的制定、有关安全信息的公布和本法对农业投入品作出规定的，应当遵守本法的规定。

第三条 食品安全工作实行预防为主、风险管理、全程控制、社会共治，建立科学、严格的监督管理制度。

第四条 食品生产经营者对其生产经营食品的安全负责。

食品生产经营者应当依照法律、法规和食品安全标准从事生产经营活动，保证食品安全，诚信自律，对社会和公众负责，接受社会监督，承担社会责任。

第五条 国务院设立食品安全委员会，其职责由国务院规定。

国务院食品药品监督管理部门依照本法和国务院规定的职责，对食品生产经营活动实施监督管理。

国务院卫生行政部门依照本法和国务院规定的职责，组织开展食品安全风险监测和风险评估，会同国务院食品药品监督管理部门制定并公布食品安全国家标准。

国务院其他有关部门依照本法和国务院规定的职责，承担有关食品安全工作。

第六条 县级以上地方人民政府对本行政区域的食品安全监督管理工作负责，统一领导、组织、协调本行政区域的食品安全监督管理工作以及食品安全突发事件应对工作，建立健全食品安全全程监督管理工作机制和信息共享机制。

县级以上地方人民政府依照本法和国务院的规定，确定本级食品药品监督管理、卫生行政部门和其他有关部门的职责。有关部门在各自职责范围内负责本行政区域的食品安全监督管理工作。

县级人民政府食品药品监督管理部门可以在乡镇或者特定区域设立派出机构。

第七条 县级以上地方人民政府实行食品安全监督管理责任制。上级人民政府负责对下一级人民政府的食品安全监督管理工作进行评议、考核。县级以上地方人民政府负责对本级食品药品监督管理部门和其他有关部门的食品安全监督管理工作进行评议、考核。

第八条　县级以上人民政府应当将食品安全工作纳入本级国民经济和社会发展规划，将食品安全工作经费列入本级政府财政预算，加强食品安全监督管理能力建设，为食品安全工作提供保障。

县级以上人民政府食品药品监督管理部门和其他有关部门应当加强沟通、密切配合，按照各自职责分工，依法行使职权，承担责任。

第九条　食品行业协会应当加强行业自律，按照章程建立健全行业规范和奖惩机制，提供食品安全信息、技术等服务，引导和督促食品生产经营者依法生产经营，推动行业诚信建设，宣传、普及食品安全知识。

消费者协会和其他消费者组织对违反本法规定，损害消费者合法权益的行为，依法进行社会监督。

第十条　各级人民政府应当加强食品安全的宣传教育，普及食品安全知识，鼓励社会组织、基层群众性自治组织、食品生产经营者开展食品安全法律、法规以及食品安全标准和知识的普及工作，倡导健康的饮食方式，增强消费者食品安全意识和自我保护能力。

新闻媒体应当开展食品安全法律、法规以及食品安全标准和知识的公益宣传，并对食品安全违法行为进行舆论监督。有关食品安全的宣传报道应当真实、公正。

第十一条　国家鼓励和支持开展与食品安全有关的基础研究、应用研究，鼓励和支持食品生产经营者为提高食品安全水平采用先进技术和先进管理规范。

国家对农药的使用实行严格的管理制度，加快淘汰剧毒、高毒、高残留农药，推动替代产品的研发和应用，鼓励使用高效低毒低残留农药。

第十二条　任何组织或者个人有权举报食品安全违法行为，依法向有关部门了解食品安全信息，对食品安全监督管理工作提出意见和建议。

第十三条　对在食品安全工作中做出突出贡献的单位和个人，按照国家有关规定给予表彰、奖励。

第二章　食品安全风险监测和评估

第十四条　国家建立食品安全风险监测制度，对食源性疾病、食品污染以及食品中的有害因素进行监测。

国务院卫生行政部门会同国务院食品药品监督管理、质量监督等部门，制定、实施国家食品安全风险监测计划。

国务院食品药品监督管理部门和其他有关部门获知有关食品安全风险信息后，应当立即核实并向国务院卫生行政部门通报。对有关部门通报的食品安全风险信息以及医疗机构报告的食源性疾病等有关疾病信息，国务院卫生行政部门应当会同国务院有关部门分析研究，认为必要的，及时调整国家食品安全风险监测计划。

省、自治区、直辖市人民政府卫生行政部门会同同级食品药品监督管理、质量监督等部门，根据国家食品安全风险监测计划，结合本行政区域的具体情况，制定、调整本行政区域的食品安全风险监测方案，报国务院卫生行政部门备案并实施。

第十五条 承担食品安全风险监测工作的技术机构应当根据食品安全风险监测计划和监测方案开展监测工作，保证监测数据真实、准确，并按照食品安全风险监测计划和监测方案的要求报送监测数据和分析结果。

食品安全风险监测工作人员有权进入相关食用农产品种植养殖、食品生产经营场所采集样品、收集相关数据。采集样品应当按照市场价格支付费用。

第十六条 食品安全风险监测结果表明可能存在食品安全隐患的，县级以上人民政府卫生行政部门应当及时将相关信息通报同级食品药品监督管理等部门，并报告本级人民政府和上级人民政府卫生行政部门。食品药品监督管理等部门应当组织开展进一步调查。

第十七条 国家建立食品安全风险评估制度，运用科学方法，根据食品安全风险监测信息、科学数据以及有关信息，对食品、食品添加剂、食品相关产品中生物性、化学性和物理性危害因素进行风险评估。

国务院卫生行政部门负责组织食品安全风险评估工作，成立由医学、农业、食品、营养、生物、环境等方面的专家组成的食品安全风险评估专家委员会进行食品安全风险评估。食品安全风险评估结果由国务院卫生行政部门公布。

对农药、肥料、兽药、饲料和饲料添加剂等的安全性评估，应当有食品安全风险评估专家委员会的专家参加。

食品安全风险评估不得向生产经营者收取费用，采集样品应当按照市场价格支付费用。

第十八条 有下列情形之一的，应当进行食品安全风险评估：

（一）通过食品安全风险监测或者接到举报发现食品、食品添加剂、食品相关产品可能存在安全隐患的；

（二）为制定或者修订食品安全国家标准提供科学依据需要进行风险评估的；

（三）为确定监督管理的重点领域、重点品种需要进行风险评估的；

（四）发现新的可能危害食品安全因素的；

（五）需要判断某一因素是否构成食品安全隐患的；

（六）国务院卫生行政部门认为需要进行风险评估的其他情形。

第十九条 国务院食品药品监督管理、质量监督、农业行政等部门在监督管理工作中发现需要进行食品安全风险评估的，应当向国务院卫生行政部门提出食品安全风险评估的建议，并提供风险来源、相关检验数据和结论等信息、资料。属于本法第十八条规定情形的，国务院卫生行政部门应当及时进行食品安全风险评估，并向国务院有关部门通报评估结果。

第二十条 省级以上人民政府卫生行政、农业行政部门应当及时相互通报食品、食用农产品安全风险监测信息。

国务院卫生行政、农业行政部门应当及时相互通报食品、食用农产品安全风险评估结果等信息。

第二十一条 食品安全风险评估结果是制定、修订食品安全标准和实施食品安全监督管理的科学依据。

经食品安全风险评估，得出食品、食品添加剂、食品相关产品不安全结论的，国务院食品药品监督管理、质量监督等部门应当依据各自职责立即向社会公告，告知消费者停止食用或者使用，并采取相应措施，确保该食品、食品添加剂、食品相关产品停止生产经营；需要制定、修订相关食品安全国家标准的，国务院卫生行政部门应当会同国务院食品药品监督管理部门立即制定、修订。

第二十二条 国务院食品药品监督管理部门应当会同国务院有关部门，根据食品安全风险评估结果、食品安全监督管理信息，对食品安全状况进行综合分析。对经综合分析表明可能具有较高程度安全风险的食品，国务院食品药品监督管理部门应当及时提出食品安全风险警示，并向社会公布。

第二十三条 县级以上人民政府食品药品监督管理部门和其他有关部门、食品安全风险评估专家委员会及其技术机构，应当按照科学、客观、及时、公开的原则，组织食品生产经营者、食品检验机构、认证机构、食品行业协会、消费者协会以及新闻媒体等，就食品安全风险评估信息和食品安全监督管理信息进行交流沟通。

第三章 食品安全标准

第二十四条 制定食品安全标准，应当以保障公众身体健康为宗旨，做到科学合理、安全可靠。

第二十五条 食品安全标准是强制执行的标准。除食品安全标准外，不得制定其他食品强制性标准。

第二十六条 食品安全标准应当包括下列内容：

（一）食品、食品添加剂、食品相关产品中的致病性微生物，农药残留、兽药残留、生物毒素、重金属等污染物质以及其他危害人体健康物质的限量规定；

（二）食品添加剂的品种、使用范围、用量；

（三）专供婴幼儿和其他特定人群的主辅食品的营养成分要求；

（四）对与卫生、营养等食品安全要求有关的标签、标志、说明书的要求；

（五）食品生产经营过程的卫生要求；

（六）与食品安全有关的质量要求；

（七）与食品安全有关的食品检验方法与规程；

（八）其他需要制定为食品安全标准的内容。

第二十七条　食品安全国家标准由国务院卫生行政部门会同国务院食品药品监督管理部门制定、公布，国务院标准化行政部门提供国家标准编号。

食品中农药残留、兽药残留的限量规定及其检验方法与规程由国务院卫生行政部门、国务院农业行政部门会同国务院食品药品监督管理部门制定。

屠宰畜、禽的检验规程由国务院农业行政部门会同国务院卫生行政部门制定。

第二十八条　制定食品安全国家标准，应当依据食品安全风险评估结果并充分考虑食用农产品安全风险评估结果，参照相关的国际标准和国际食品安全风险评估结果，并将食品安全国家标准草案向社会公布，广泛听取食品生产经营者、消费者、有关部门等方面的意见。

食品安全国家标准应当经国务院卫生行政部门组织的食品安全国家标准审评委员会审查通过。食品安全国家标准审评委员会由医学、农业、食品、营养、生物、环境等方面的专家以及国务院有关部门、食品行业协会、消费者协会的代表组成，对食品安全国家标准草案的科学性和实用性等进行审查。

第二十九条　对地方特色食品，没有食品安全国家标准的，省、自治区、直辖市人民政府卫生行政部门可以制定并公布食品安全地方标准，报国务院卫生行政部门备案。食品安全国家标准制定后，该地方标准即行废止。

第三十条　国家鼓励食品生产企业制定严于食品安全国家标准或者地方标准的企业标准，在本企业适用，并报省、自治区、直辖市人民政府卫生行政部门备案。

第三十一条　省级以上人民政府卫生行政部门应当在其网站上公布制定和备案的食品安全国家标准、地方标准和企业标准，供公众免费查阅、下载。

对食品安全标准执行过程中的问题，县级以上人民政府卫生行政部门应当会同有关部门及时给予指导、解答。

第三十二条　省级以上人民政府卫生行政部门应当会同同级食品药品监督管理、质量监督、农业行政等部门，分别对食品安全国家标准和地方标准的执行情况进行跟踪评价，并根据评价结果及时修订食品安全标准。

省级以上人民政府食品药品监督管理、质量监督、农业行政等部门应当对食品安全标准执行中存在的问题进行收集、汇总，并及时向同级卫生行政部门通报。

食品生产经营者、食品行业协会发现食品安全标准在执行中存在问题的，应当立即向卫生行政部门报告。

第四章　食品生产经营

第一节　一般规定

第三十三条　食品生产经营应当符合食品安全标准，并符合下列要求：

（一）具有与生产经营的食品品种、数量相适应的食品原料处理和食品加工、包装、贮存等场所，保持该场所环境整洁，并与有毒、有害场所以及其他污染源保持规定的距离；

（二）具有与生产经营的食品品种、数量相适应的生产经营设备或者设施，有相应的消毒、更衣、盥洗、采光、照明、通风、防腐、防尘、防蝇、防鼠、防虫、洗涤以及处理废水、存放垃圾和废弃物的设备或者设施；

（三）有专职或者兼职的食品安全专业技术人员、食品安全管理人员和保证食品安全的规章制度；

（四）具有合理的设备布局和工艺流程，防止待加工食品与直接入口食品、原料与成品交叉污染，避免食品接触有毒物、不洁物；

（五）餐具、饮具和盛放直接入口食品的容器，使用前应当洗净、消毒，炊具、用具用后应当洗净，保持清洁；

（六）贮存、运输和装卸食品的容器、工具和设备应当安全、无害，保持清洁，防止食品污染，并符合保证食品安全所需的温度、湿度等特殊要求，不得将食品与有毒、有害物品一同贮存、运输；

（七）直接入口的食品应当使用无毒、清洁的包装材料、餐具、饮具和容器；

（八）食品生产经营人员应当保持个人卫生，生产经营食品时，应当将手洗净，穿戴清洁的工作衣、帽等；销售无包装的直接入口食品时，应当使用无毒、清洁的容器、售货工具和设备；

（九）用水应当符合国家规定的生活饮用水卫生标准；

（十）使用的洗涤剂、消毒剂应当对人体安全、无害；

（十一）法律、法规规定的其他要求。

非食品生产经营者从事食品贮存、运输和装卸的，应当符合前款第六项的规定。

第三十四条　禁止生产经营下列食品、食品添加剂、食品相关产品：

（一）用非食品原料生产的食品或者添加食品添加剂以外的化学物质和其他可能危害人体健康物质的食品，或者用回收食品作为原料生产的食品；

（二）致病性微生物，农药残留、兽药残留、生物毒素、重金属等污染物质以及其他危害人体健康的物质含量超过食品安全标准限量的食品、食品添加剂、食品相关产品；

（三）用超过保质期的食品原料、食品添加剂生产的食品、食品添加剂；

（四）超范围、超限量使用食品添加剂的食品；

（五）营养成分不符合食品安全标准的专供婴幼儿和其他特定人群的主辅食品；

（六）腐败变质、油脂酸败、霉变生虫、污秽不洁、混有异物、掺假掺杂或者感官性状异常的食品、食品添加剂；

（七）病死、毒死或者死因不明的禽、畜、兽、水产动物肉类及其制品；

（八）未按规定进行检疫或者检疫不合格的肉类，或者未经检验或者检验不合格的肉类制品；

（九）被包装材料、容器、运输工具等污染的食品、食品添加剂；

（十）标注虚假生产日期、保质期或者超过保质期的食品、食品添加剂；

（十一）无标签的预包装食品、食品添加剂；

（十二）国家为防病等特殊需要明令禁止生产经营的食品；

（十三）其他不符合法律、法规或者食品安全标准的食品、食品添加剂、食品相关产品。

第三十五条　国家对食品生产经营实行许可制度。从事食品生产、食品销售、餐饮服务，应当依法取得许可。但是，销售食用农产品，不需要取得许可。

县级以上地方人民政府食品药品监督管理部门应当依照《中华人民共和国行政许可法》的规定，审核申请人提交的本法第三十三条第一款第一项至第四项规定要求的相关资料，必要时对申请人的生产经营场所进行现场核查；对符合规定条件的，准予许可；对不符合规定条件的，不予许可并书面说明理由。

第三十六条　食品生产加工小作坊和食品摊贩等从事食品生产经营活动，应当符合本法规定的与其生产经营规模、条件相适应的食品安全要求，保证所生产经营的食品卫生、无毒、无害，食品药品监督管理部门应当对其加强监督管理。

县级以上地方人民政府应当对食品生产加工小作坊、食品摊贩等进行综合治理，加强服务和统一规划，改善其生产经营环境，鼓励和支持其改进生产经营条件，进入集中交易市场、店铺等固定场所经营，或者在指定的临时经营区域、时段经营。

食品生产加工小作坊和食品摊贩等的具体管理办法由省、自治区、直辖市制定。

第三十七条　利用新的食品原料生产食品，或者生产食品添加剂新品种、食品相关产品新品种，应当向国务院卫生行政部门提交相关产品的安全性评估材料。国务院卫生行政部门应当自收到申请之日起六十日内组织审查；对符合食品安全要求的，准予许可并公布；对不符合食品安全要求的，不予许可并书面说明理由。

第三十八条　生产经营的食品中不得添加药品，但是可以添加按照传统既是食品又是中药材的物质。按照传统既是食品又是中药材的物质目录由国务院卫生行政部门会同国务院食品药品监督管理部门制定、公布。

第三十九条　国家对食品添加剂生产实行许可制度。从事食品添加剂生产，应当具有与所生产食品添加剂品种相适应的场所、生产设备或者设施、专业技术人员和管理制度，并依照本法第三十五条第二款规定的程序，取得食品添加剂生产许可。

生产食品添加剂应当符合法律、法规和食品安全国家标准。

第四十条 食品添加剂应当在技术上确有必要且经过风险评估证明安全可靠，方可列入允许使用的范围；有关食品安全国家标准应当根据技术必要性和食品安全风险评估结果及时修订。

食品生产经营者应当按照食品安全国家标准使用食品添加剂。

第四十一条 生产食品相关产品应当符合法律、法规和食品安全国家标准。对直接接触食品的包装材料等具有较高风险的食品相关产品，按照国家有关工业产品生产许可证管理的规定实施生产许可。质量监督部门应当加强对食品相关产品生产活动的监督管理。

第四十二条 国家建立食品安全全程追溯制度。

食品生产经营者应当依照本法的规定，建立食品安全追溯体系，保证食品可追溯。国家鼓励食品生产经营者采用信息化手段采集、留存生产经营信息，建立食品安全追溯体系。

国务院食品药品监督管理部门会同国务院农业行政等有关部门建立食品安全全程追溯协作机制。

第四十三条 地方各级人民政府应当采取措施鼓励食品规模化生产和连锁经营、配送。

国家鼓励食品生产经营企业参加食品安全责任保险。

第二节 生产经营过程控制

第四十四条 食品生产经营企业应当建立健全食品安全管理制度，对职工进行食品安全知识培训，加强食品检验工作，依法从事生产经营活动。

食品生产经营企业的主要负责人应当落实企业食品安全管理制度，对本企业的食品安全工作全面负责。

食品生产经营企业应当配备食品安全管理人员，加强对其培训和考核。经考核不具备食品安全管理能力的，不得上岗。食品药品监督管理部门应当对企业食品安全管理人员随机进行监督抽查考核并公布考核情况。监督抽查考核不得收取费用。

第四十五条 食品生产经营者应当建立并执行从业人员健康管理制度。患有国务院卫生行政部门规定的有碍食品安全疾病的人员，不得从事接触直接入口食品的工作。

从事接触直接入口食品工作的食品生产经营人员应当每年进行健康检查，取得健康证明后方可上岗工作。

第四十六条 食品生产企业应当就下列事项制定并实施控制要求，保证所生产的食品符合食品安全标准：

（一）原料采购、原料验收、投料等原料控制；

（二）生产工序、设备、贮存、包装等生产关键环节控制；

（三）原料检验、半成品检验、成品出厂检验等检验控制；

（四）运输和交付控制。

第四十七条　食品生产经营者应当建立食品安全自查制度，定期对食品安全状况进行检查评价。生产经营条件发生变化，不再符合食品安全要求的，食品生产经营者应当立即采取整改措施；有发生食品安全事故潜在风险的，应当立即停止食品生产经营活动，并向所在地县级人民政府食品药品监督管理部门报告。

第四十八条　国家鼓励食品生产经营企业符合良好生产规范要求，实施危害分析与关键控制点体系，提高食品安全管理水平。

对通过良好生产规范、危害分析与关键控制点体系认证的食品生产经营企业，认证机构应当依法实施跟踪调查；对不再符合认证要求的企业，应当依法撤销认证，及时向县级以上人民政府食品药品监督管理部门通报，并向社会公布。认证机构实施跟踪调查不得收取费用。

第四十九条　食用农产品生产者应当按照食品安全标准和国家有关规定使用农药、肥料、兽药、饲料和饲料添加剂等农业投入品，严格执行农业投入品使用安全间隔期或者休药期的规定，不得使用国家明令禁止的农业投入品。禁止将剧毒、高毒农药用于蔬菜、瓜果、茶叶和中草药材等国家规定的农作物。

食用农产品的生产企业和农民专业合作经济组织应当建立农业投入品使用记录制度。

县级以上人民政府农业行政部门应当加强对农业投入品使用的监督管理和指导，建立健全农业投入品安全使用制度。

第五十条　食品生产者采购食品原料、食品添加剂、食品相关产品，应当查验供货者的许可证和产品合格证明；对无法提供合格证明的食品原料，应当按照食品安全标准进行检验；不得采购或者使用不符合食品安全标准的食品原料、食品添加剂、食品相关产品。

食品生产企业应当建立食品原料、食品添加剂、食品相关产品进货查验记录制度，如实记录食品原料、食品添加剂、食品相关产品的名称、规格、数量、生产日期或者生产批号、保质期、进货日期以及供货者名称、地址、联系方式等内容，并保存相关凭证。记录和凭证保存期限不得少于产品保质期满后六个月；没有明确保质期的，保存期限不得少于二年。

第五十一条　食品生产企业应当建立食品出厂检验记录制度，查验出厂食品的检验合格证和安全状况，如实记录食品的名称、规格、数量、生产日期或者生产批号、保质期、检验合格证号、销售日期以及购货者名称、地址、联系方式等内容，并保存相关凭证。记录和凭证保存期限应当符合本法第五十条第二款的规定。

第五十二条　食品、食品添加剂、食品相关产品的生产者，应当按照食品安全标准对所生产的食品、食品添加剂、食品相关产品进行检验，检验合格后方可出厂或者销售。

第五十三条　食品经营者采购食品，应当查验供货者的许可证和食品出厂检验合格证或者其他合格证明（以下称合格证明文件）。

食品经营企业应当建立食品进货查验记录制度，如实记录食品的名称、规格、数量、生产日期或者生产批号、保质期、进货日期以及供货者名称、地址、联系方式等内容，并保存相关凭证。记录和凭证保存期限应当符合本法第五十条第二款的规定。

实行统一配送经营方式的食品经营企业，可以由企业总部统一查验供货者的许可证和食品合格证明文件，进行食品进货查验记录。

从事食品批发业务的经营企业应当建立食品销售记录制度，如实记录批发食品的名称、规格、数量、生产日期或者生产批号、保质期、销售日期以及购货者名称、地址、联系方式等内容，并保存相关凭证。记录和凭证保存期限应当符合本法第五十条第二款的规定。

第五十四条　食品经营者应当按照保证食品安全的要求贮存食品，定期检查库存食品，及时清理变质或者超过保质期的食品。

食品经营者贮存散装食品，应当在贮存位置标明食品的名称、生产日期或者生产批号、保质期、生产者名称及联系方式等内容。

第五十五条　餐饮服务提供者应当制定并实施原料控制要求，不得采购不符合食品安全标准的食品原料。倡导餐饮服务提供者公开加工过程，公示食品原料及其来源等信息。

餐饮服务提供者在加工过程中应当检查待加工的食品及原料，发现有本法第三十四条第六项规定情形的，不得加工或者使用。

第五十六条　餐饮服务提供者应当定期维护食品加工、贮存、陈列等设施、设备；定期清洗、校验保温设施及冷藏、冷冻设施。

餐饮服务提供者应当按照要求对餐具、饮具进行清洗消毒，不得使用未经清洗消毒的餐具、饮具；餐饮服务提供者委托清洗消毒餐具、饮具的，应当委托符合本法规定条件的餐具、饮具集中消毒服务单位。

第五十七条　学校、托幼机构、养老机构、建筑工地等集中用餐单位的食堂应当严格遵守法律、法规和食品安全标准；从供餐单位订餐的，应当从取得食品生产经营许可的企业订购，并按照要求对订购的食品进行查验。供餐单位应当严格遵守法律、法规和食品安全标准，当餐加工，确保食品安全。

学校、托幼机构、养老机构、建筑工地等集中用餐单位的主管部门应当加强对集中用餐单位的食品安全教育和日常管理，降低食品安全风险，及时消除食品安全隐患。

第五十八条　餐具、饮具集中消毒服务单位应当具备相应的作业场所、清洗消毒设备或者设施，用水和使用的洗涤剂、消毒剂应当符合相关食品安全国家标准和其他国家标准、卫生规范。

餐具、饮具集中消毒服务单位应当对消毒餐具、饮具进行逐批检验，检验合格后方可出厂，并应当随附消毒合格证明。消毒后的餐具、饮具应当在独立包装上标注单位名称、地址、联系方式、消毒日期以及使用期限等内容。

第五十九条 食品添加剂生产者应当建立食品添加剂出厂检验记录制度，查验出厂产品的检验合格证和安全状况，如实记录食品添加剂的名称、规格、数量、生产日期或者生产批号、保质期、检验合格证号、销售日期以及购货者名称、地址、联系方式等相关内容，并保存相关凭证。记录和凭证保存期限应当符合本法第五十条第二款的规定。

第六十条 食品添加剂经营者采购食品添加剂，应当依法查验供货者的许可证和产品合格证明文件，如实记录食品添加剂的名称、规格、数量、生产日期或者生产批号、保质期、进货日期以及供货者名称、地址、联系方式等内容，并保存相关凭证。记录和凭证保存期限应当符合本法第五十条第二款的规定。

第六十一条 集中交易市场的开办者、柜台出租者和展销会举办者，应当依法审查入场食品经营者的许可证，明确其食品安全管理责任，定期对其经营环境和条件进行检查，发现其有违反本法规定行为的，应当及时制止并立即报告所在地县级人民政府食品药品监督管理部门。

第六十二条 网络食品交易第三方平台提供者应当对入网食品经营者进行实名登记，明确其食品安全管理责任；依法应当取得许可证的，还应当审查其许可证。

网络食品交易第三方平台提供者发现入网食品经营者有违反本法规定行为的，应当及时制止并立即报告所在地县级人民政府食品药品监督管理部门；发现严重违法行为的，应当立即停止提供网络交易平台服务。

第六十三条 国家建立食品召回制度。食品生产者发现其生产的食品不符合食品安全标准或者有证据证明可能危害人体健康的，应当立即停止生产，召回已经上市销售的食品，通知相关生产经营者和消费者，并记录召回和通知情况。

食品经营者发现其经营的食品有前款规定情形的，应当立即停止经营，通知相关生产经营者和消费者，并记录停止经营和通知情况。食品生产者认为应当召回的，应当立即召回。由于食品经营者的原因造成其经营的食品有前款规定情形的，食品经营者应当召回。

食品生产经营者应当对召回的食品采取无害化处理、销毁等措施，防止其再次流入市场。但是，对因标签、标志或者说明书不符合食品安全标准而被召回的食品，食品生产者在采取补救措施且能保证食品安全的情况下可以继续销售；销售时应当向消费者明示补救措施。

食品生产经营者应当将食品召回和处理情况向所在地县级人民政府食品药品监督管

理部门报告；需要对召回的食品进行无害化处理、销毁的，应当提前报告时间、地点。食品药品监督管理部门认为必要的，可以实施现场监督。

食品生产经营者未依照本条规定召回或者停止经营的，县级以上人民政府食品药品监督管理部门可以责令其召回或者停止经营。

第六十四条　食用农产品批发市场应当配备检验设备和检验人员或者委托符合本法规定的食品检验机构，对进入该批发市场销售的食用农产品进行抽样检验；发现不符合食品安全标准的，应当要求销售者立即停止销售，并向食品药品监督管理部门报告。

第六十五条　食用农产品销售者应当建立食用农产品进货查验记录制度，如实记录食用农产品的名称、数量、进货日期以及供货者名称、地址、联系方式等内容，并保存相关凭证。记录和凭证保存期限不得少于六个月。

第六十六条　进入市场销售的食用农产品在包装、保鲜、贮存、运输中使用保鲜剂、防腐剂等食品添加剂和包装材料等食品相关产品，应当符合食品安全国家标准。

第三节　标签、说明书和广告

第六十七条　预包装食品的包装上应当有标签。标签应当标明下列事项：

（一）名称、规格、净含量、生产日期；

（二）成分或者配料表；

（三）生产者的名称、地址、联系方式；

（四）保质期；

（五）产品标准代号；

（六）贮存条件；

（七）所使用的食品添加剂在国家标准中的通用名称；

（八）生产许可证编号；

（九）法律、法规或者食品安全标准规定应当标明的其他事项。

专供婴幼儿和其他特定人群的主辅食品，其标签还应当标明主要营养成分及其含量。

食品安全国家标准对标签标注事项另有规定的，从其规定。

第六十八条　食品经营者销售散装食品，应当在散装食品的容器、外包装上标明食品的名称、生产日期或者生产批号、保质期以及生产经营者名称、地址、联系方式等内容。

第六十九条　生产经营转基因食品应当按照规定显著标示。

第七十条　食品添加剂应当有标签、说明书和包装。标签、说明书应当载明本法第六十七条第一款第一项至第六项、第八项、第九项规定的事项，以及食品添加剂的使用范围、用量、使用方法，并在标签上载明"食品添加剂"字样。

第七十一条　食品和食品添加剂的标签、说明书，不得含有虚假内容，不得涉及疾病预防、治疗功能。生产经营者对其提供的标签、说明书的内容负责。

食品和食品添加剂的标签、说明书应当清楚、明显，生产日期、保质期等事项应当显著标注，容易辨识。

食品和食品添加剂与其标签、说明书的内容不符的，不得上市销售。

第七十二条 食品经营者应当按照食品标签标示的警示标志、警示说明或者注意事项的要求销售食品。

第七十三条 食品广告的内容应当真实合法，不得含有虚假内容，不得涉及疾病预防、治疗功能。食品生产经营者对食品广告内容的真实性、合法性负责。

县级以上人民政府食品药品监督管理部门和其他有关部门以及食品检验机构、食品行业协会不得以广告或者其他形式向消费者推荐食品。消费者组织不得以收取费用或者其他牟取利益的方式向消费者推荐食品。

第四节 特殊食品

第七十四条 国家对保健食品、特殊医学用途配方食品和婴幼儿配方食品等特殊食品实行严格监督管理。

第七十五条 保健食品声称保健功能，应当具有科学依据，不得对人体产生急性、亚急性或者慢性危害。

保健食品原料目录和允许保健食品声称的保健功能目录，由国务院食品药品监督管理部门会同国务院卫生行政部门、国家中医药管理部门制定、调整并公布。

保健食品原料目录应当包括原料名称、用量及其对应的功效；列入保健食品原料目录的原料只能用于保健食品生产，不得用于其他食品生产。

第七十六条 使用保健食品原料目录以外原料的保健食品和首次进口的保健食品应当经国务院食品药品监督管理部门注册。但是，首次进口的保健食品中属于补充维生素、矿物质等营养物质的，应当报国务院食品药品监督管理部门备案。其他保健食品应当报省、自治区、直辖市人民政府食品药品监督管理部门备案。

进口的保健食品应当是出口国（地区）主管部门准许上市销售的产品。

第七十七条 依法应当注册的保健食品，注册时应当提交保健食品的研发报告、产品配方、生产工艺、安全性和保健功能评价、标签、说明书等材料及样品，并提供相关证明文件。国务院食品药品监督管理部门经组织技术审评，对符合安全和功能声称要求的，准予注册；对不符合要求的，不予注册并书面说明理由。对使用保健食品原料目录以外原料的保健食品作出准予注册决定的，应当及时将该原料纳入保健食品原料目录。

依法应当备案的保健食品，备案时应当提交产品配方、生产工艺、标签、说明书以及表明产品安全性和保健功能的材料。

第七十八条 保健食品的标签、说明书不得涉及疾病预防、治疗功能，内容应当真实，与注册或者备案的内容相一致，载明适宜人群、不适宜人群、功效成分或者标志性成分及其含量等，并声明"本品不能代替药物"。保健食品的功能和成分应当与标签、说明书相一致。

第七十九条　保健食品广告除应当符合本法第七十三条第一款的规定外，还应当声明"本品不能代替药物"；其内容应当经生产企业所在地省、自治区、直辖市人民政府食品药品监督管理部门审查批准，取得保健食品广告批准文件。省、自治区、直辖市人民政府食品药品监督管理部门应当公布并及时更新已经批准的保健食品广告目录以及批准的广告内容。

第八十条　特殊医学用途配方食品应当经国务院食品药品监督管理部门注册。注册时，应当提交产品配方、生产工艺、标签、说明书以及表明产品安全性、营养充足性和特殊医学用途临床效果的材料。

特殊医学用途配方食品广告适用《中华人民共和国广告法》和其他法律、行政法规关于药品广告管理的规定。

第八十一条　婴幼儿配方食品生产企业应当实施从原料进厂到成品出厂的全过程质量控制，对出厂的婴幼儿配方食品实施逐批检验，保证食品安全。

生产婴幼儿配方食品使用的生鲜乳、辅料等食品原料、食品添加剂等，应当符合法律、行政法规的规定和食品安全国家标准，保证婴幼儿生长发育所需的营养成分。

婴幼儿配方食品生产企业应当将食品原料、食品添加剂、产品配方及标签等事项向省、自治区、直辖市人民政府食品药品监督管理部门备案。

婴幼儿配方乳粉的产品配方应当经国务院食品药品监督管理部门注册。注册时，应当提交配方研发报告和其他表明配方科学性、安全性的材料。

不得以分装方式生产婴幼儿配方乳粉，同一企业不得用同一配方生产不同品牌的婴幼儿配方乳粉。

第八十二条　保健食品、特殊医学用途配方食品、婴幼儿配方乳粉的注册人或者备案人应当对其提交材料的真实性负责。

省级以上人民政府食品药品监督管理部门应当及时公布注册或者备案的保健食品、特殊医学用途配方食品、婴幼儿配方乳粉目录，并对注册或者备案中获知的企业商业秘密予以保密。

保健食品、特殊医学用途配方食品、婴幼儿配方乳粉生产企业应当按照注册或者备案的产品配方、生产工艺等技术要求组织生产。

第八十三条　生产保健食品，特殊医学用途配方食品、婴幼儿配方食品和其他专供特定人群的主辅食品的企业，应当按照良好生产规范的要求建立与所生产食品相适应的生产质量管理体系，定期对该体系的运行情况进行自查，保证其有效运行，并向所在地县级人民政府食品药品监督管理部门提交自查报告。

第五章　食品检验

第八十四条　食品检验机构按照国家有关认证认可的规定取得资质认定后，方可从事食品检验活动。但是，法律另有规定的除外。

食品检验机构的资质认定条件和检验规范，由国务院食品药品监督管理部门规定。

符合本法规定的食品检验机构出具的检验报告具有同等效力。

县级以上人民政府应当整合食品检验资源，实现资源共享。

第八十五条　食品检验由食品检验机构指定的检验人独立进行。

检验人应当依照有关法律、法规的规定，并按照食品安全标准和检验规范对食品进行检验，尊重科学，恪守职业道德，保证出具的检验数据和结论客观、公正，不得出具虚假检验报告。

第八十六条　食品检验实行食品检验机构与检验人负责制。食品检验报告应当加盖食品检验机构公章，并有检验人的签名或者盖章。食品检验机构和检验人对出具的食品检验报告负责。

第八十七条　县级以上人民政府食品药品监督管理部门应当对食品进行定期或者不定期的抽样检验，并依据有关规定公布检验结果，不得免检。进行抽样检验，应当购买抽取的样品，委托符合本法规定的食品检验机构进行检验，并支付相关费用；不得向食品生产经营者收取检验费和其他费用。

第八十八条　对依照本法规定实施的检验结论有异议的，食品生产经营者可以自收到检验结论之日起七个工作日内向实施抽样检验的食品药品监督管理部门或者其上一级食品药品监督管理部门提出复检申请，由受理复检申请的食品药品监督管理部门在公布的复检机构名录中随机确定复检机构进行复检。复检机构出具的复检结论为最终检验结论。复检机构与初检机构不得为同一机构。复检机构名录由国务院认证认可监督管理、食品药品监督管理、卫生行政、农业行政等部门共同公布。

采用国家规定的快速检测方法对食用农产品进行抽查检测，被抽查人对检测结果有异议的，可以自收到检测结果时起四小时内申请复检。复检不得采用快速检测方法。

第八十九条　食品生产企业可以自行对所生产的食品进行检验，也可以委托符合本法规定的食品检验机构进行检验。

食品行业协会和消费者协会等组织、消费者需要委托食品检验机构对食品进行检验的，应当委托符合本法规定的食品检验机构进行。

第九十条　食品添加剂的检验，适用本法有关食品检验的规定。

第六章　食品进出口

第九十一条　国家出入境检验检疫部门对进出口食品安全实施监督管理。

第九十二条　进口的食品、食品添加剂、食品相关产品应当符合我国食品安全国家标准。

进口的食品、食品添加剂应当经出入境检验检疫机构依照进出口商品检验相关法律、行政法规的规定检验合格。

进口的食品、食品添加剂应当按照国家出入境检验检疫部门的要求随附合格证明材料。

第九十三条　进口尚无食品安全国家标准的食品，由境外出口商、境外生产企业或者其委托的进口商向国务院卫生行政部门提交所执行的相关国家（地区）标准或者国际标准。国务院卫生行政部门对相关标准进行审查，认为符合食品安全要求的，决定暂予适用，并及时制定相应的食品安全国家标准。进口利用新的食品原料生产的食品或者进口食品添加剂新品种、食品相关产品新品种，依照本法第三十七条的规定办理。

出入境检验检疫机构按照国务院卫生行政部门的要求，对前款规定的食品、食品添加剂、食品相关产品进行检验。检验结果应当公开。

第九十四条　境外出口商、境外生产企业应当保证向我国出口的食品、食品添加剂、食品相关产品符合本法以及我国其他有关法律、行政法规的规定和食品安全国家标准的要求，并对标签、说明书的内容负责。

进口商应当建立境外出口商、境外生产企业审核制度，重点审核前款规定的内容；审核不合格的，不得进口。

发现进口食品不符合我国食品安全国家标准或者有证据证明可能危害人体健康的，进口商应当立即停止进口，并依照本法第六十三条的规定召回。

第九十五条　境外发生的食品安全事件可能对我国境内造成影响，或者在进口食品、食品添加剂、食品相关产品中发现严重食品安全问题的，国家出入境检验检疫部门应当及时采取风险预警或者控制措施，并向国务院食品药品监督管理、卫生行政、农业行政部门通报。接到通报的部门应当及时采取相应措施。

县级以上人民政府食品药品监督管理部门对国内市场上销售的进口食品、食品添加剂实施监督管理。发现存在严重食品安全问题的，国务院食品药品监督管理部门应当及时向国家出入境检验检疫部门通报。国家出入境检验检疫部门应当及时采取相应措施。

第九十六条　向我国境内出口食品的境外出口商或者代理商、进口食品的进口商应当向国家出入境检验检疫部门备案。向我国境内出口食品的境外食品生产企业应当经国家出入境检验检疫部门注册。已经注册的境外食品生产企业提供虚假材料，或者因其自身的原因致使进口食品发生重大食品安全事故的，国家出入境检验检疫部门应当撤销注册并公告。

国家出入境检验检疫部门应当定期公布已经备案的境外出口商、代理商、进口商和已经注册的境外食品生产企业名单。

第九十七条　进口的预包装食品、食品添加剂应当有中文标签；依法应当有说明书的，还应当有中文说明书。标签、说明书应当符合本法以及我国其他有关法律、行政法规的规定和食品安全国家标准的要求，并载明食品的原产地以及境内代理商的名称、地址、联系方式。预包装食品没有中文标签、中文说明书或者标签、说明书不符合本条规定的，不得进口。

第九十八条　进口商应当建立食品、食品添加剂进口和销售记录制度，如实记录食品、食品添加剂的名称、规格、数量、生产日期、生产或者进口批号、保质期、境外出口商和购货者名称、地址及联系方式、交货日期等内容，并保存相关凭证。记录和凭证保存期限应当符合本法第五十条第二款的规定。

第九十九条　出口食品生产企业应当保证其出口食品符合进口国（地区）的标准或者合同要求。

出口食品生产企业和出口食品原料种植、养殖场应当向国家出入境检验检疫部门备案。

第一百条　国家出入境检验检疫部门应当收集、汇总下列进出口食品安全信息，并及时通报相关部门、机构和企业：

（一）出入境检验检疫机构对进出口食品实施检验检疫发现的食品安全信息；

（二）食品行业协会和消费者协会等组织、消费者反映的进口食品安全信息；

（三）国际组织、境外政府机构发布的风险预警信息及其他食品安全信息，以及境外食品行业协会等组织、消费者反映的食品安全信息；

（四）其他食品安全信息。

国家出入境检验检疫部门应当对进出口食品的进口商、出口商和出口食品生产企业实施信用管理，建立信用记录，并依法向社会公布。对有不良记录的进口商、出口商和出口食品生产企业，应当加强对其进出口食品的检验检疫。

第一百零一条　国家出入境检验检疫部门可以对向我国境内出口食品的国家（地区）的食品安全管理体系和食品安全状况进行评估和审查，并根据评估和审查结果，确定相应检验检疫要求。

第七章　食品安全事故处置

第一百零二条　国务院组织制定国家食品安全事故应急预案。

县级以上地方人民政府应当根据有关法律、法规的规定和上级人民政府的食品安全事故应急预案以及本行政区域的实际情况，制定本行政区域的食品安全事故应急预案，并报上一级人民政府备案。

食品安全事故应急预案应当对食品安全事故分级、事故处置组织指挥体系与职责、预防预警机制、处置程序、应急保障措施等作出规定。

食品生产经营企业应当制定食品安全事故处置方案，定期检查本企业各项食品安全防范措施的落实情况，及时消除事故隐患。

第一百零三条 发生食品安全事故的单位应当立即采取措施，防止事故扩大。事故单位和接收病人进行治疗的单位应当及时向事故发生地县级人民政府食品药品监督管理、卫生行政部门报告。

县级以上人民政府质量监督、农业行政等部门在日常监督管理中发现食品安全事故或者接到事故举报，应当立即向同级食品药品监督管理部门通报。

发生食品安全事故，接到报告的县级人民政府食品药品监督管理部门应当按照应急预案的规定向本级人民政府和上级人民政府食品药品监督管理部门报告。县级人民政府和上级人民政府食品药品监督管理部门应当按照应急预案的规定上报。

任何单位和个人不得对食品安全事故隐瞒、谎报、缓报，不得隐匿、伪造、毁灭有关证据。

第一百零四条 医疗机构发现其接收的病人属于食源性疾病病人或者疑似病人的，应当按照规定及时将相关信息向所在地县级人民政府卫生行政部门报告。县级人民政府卫生行政部门认为与食品安全有关的，应当及时通报同级食品药品监督管理部门。

县级以上人民政府卫生行政部门在调查处理传染病或者其他突发公共卫生事件中发现与食品安全相关的信息，应当及时通报同级食品药品监督管理部门。

第一百零五条 县级以上人民政府食品药品监督管理部门接到食品安全事故的报告后，应当立即会同同级卫生行政、质量监督、农业行政等部门进行调查处理，并采取下列措施，防止或者减轻社会危害：

（一）开展应急救援工作，组织救治因食品安全事故导致人身伤害的人员；

（二）封存可能导致食品安全事故的食品及其原料，并立即进行检验；对确认属于被污染的食品及其原料，责令食品生产经营者依照本法第六十三条的规定召回或者停止经营；

（三）封存被污染的食品相关产品，并责令进行清洗消毒；

（四）做好信息发布工作，依法对食品安全事故及其处理情况进行发布，并对可能产生的危害加以解释、说明。

发生食品安全事故需要启动应急预案的，县级以上人民政府应当立即成立事故处置指挥机构，启动应急预案，依照前款和应急预案的规定进行处置。

发生食品安全事故，县级以上疾病预防控制机构应当对事故现场进行卫生处理，并对与事故有关的因素开展流行病学调查，有关部门应当予以协助。县级以上疾病预防控制机构应当向同级食品药品监督管理、卫生行政部门提交流行病学调查报告。

第一百零六条 发生食品安全事故，设区的市级以上人民政府食品药品监督管理部门应当立即会同有关部门进行事故责任调查，督促有关部门履行职责，向本级人民政府和上一级人民政府食品药品监督管理部门提出事故责任调查处理报告。

涉及两个以上省、自治区、直辖市的重大食品安全事故由国务院食品药品监督管理部门依照前款规定组织事故责任调查。

第一百零七条 调查食品安全事故，应当坚持实事求是、尊重科学的原则，及时、准确查清事故性质和原因，认定事故责任，提出整改措施。

调查食品安全事故，除了查明事故单位的责任，还应当查明有关监督管理部门、食品检验机构、认证机构及其工作人员的责任。

第一百零八条 食品安全事故调查部门有权向有关单位和个人了解与事故有关的情况，并要求提供相关资料和样品。有关单位和个人应当予以配合，按照要求提供相关资料和样品，不得拒绝。

任何单位和个人不得阻挠、干涉食品安全事故的调查处理。

第八章　监督管理

第一百零九条 县级以上人民政府食品药品监督管理、质量监督部门根据食品安全风险监测、风险评估结果和食品安全状况等，确定监督管理的重点、方式和频次，实施风险分级管理。

县级以上地方人民政府组织本级食品药品监督管理、质量监督、农业行政等部门制定本行政区域的食品安全年度监督管理计划，向社会公布并组织实施。

食品安全年度监督管理计划应当将下列事项作为监督管理的重点：

（一）专供婴幼儿和其他特定人群的主辅食品；

（二）保健食品生产过程中的添加行为和按照注册或者备案的技术要求组织生产的情况，保健食品标签、说明书以及宣传材料中有关功能宣传的情况；

（三）发生食品安全事故风险较高的食品生产经营者；

（四）食品安全风险监测结果表明可能存在食品安全隐患的事项。

第一百一十条 县级以上人民政府食品药品监督管理、质量监督部门履行各自食品安全监督管理职责，有权采取下列措施，对生产经营者遵守本法的情况进行监督检查：

（一）进入生产经营场所实施现场检查；

（二）对生产经营的食品、食品添加剂、食品相关产品进行抽样检验；

（三）查阅、复制有关合同、票据、账簿以及其他有关资料；

（四）查封、扣押有证据证明不符合食品安全标准或者有证据证明存在安全隐患以及用于违法生产经营的食品、食品添加剂、食品相关产品；

（五）查封违法从事生产经营活动的场所。

第一百一十一条 对食品安全风险评估结果证明食品存在安全隐患，需要制定、修订食品安全标准的，在制定、修订食品安全标准前，国务院卫生行政部门应当及时会同国务院有关部门规定食品中有害物质的临时限量值和临时检验方法，作为生产经营和监督管理的依据。

第一百一十二条　县级以上人民政府食品药品监督管理部门在食品安全监督管理工作中可以采用国家规定的快速检测方法对食品进行抽查检测。

对抽查检测结果表明可能不符合食品安全标准的食品，应当依照本法第八十七条的规定进行检验。抽查检测结果确定有关食品不符合食品安全标准的，可以作为行政处罚的依据。

第一百一十三条　县级以上人民政府食品药品监督管理部门应当建立食品生产经营者食品安全信用档案，记录许可颁发、日常监督检查结果、违法行为查处等情况，依法向社会公布并实时更新；对有不良信用记录的食品生产经营者增加监督检查频次，对违法行为情节严重的食品生产经营者，可以通报投资主管部门、证券监督管理机构和有关的金融机构。

第一百一十四条　食品生产经营过程中存在食品安全隐患，未及时采取措施消除的，县级以上人民政府食品药品监督管理部门可以对食品生产经营者的法定代表人或者主要负责人进行责任约谈。食品生产经营者应当立即采取措施，进行整改，消除隐患。责任约谈情况和整改情况应当纳入食品生产经营者食品安全信用档案。

第一百一十五条　县级以上人民政府食品药品监督管理、质量监督等部门应当公布本部门的电子邮件地址或者电话，接受咨询、投诉、举报。接到咨询、投诉、举报，对属于本部门职责的，应当受理并在法定期限内及时答复、核实、处理；对不属于本部门职责的，应当移交有权处理的部门并书面通知咨询、投诉、举报人。有权处理的部门应当在法定期限内及时处理，不得推诿。对查证属实的举报，给予举报人奖励。

有关部门应当对举报人的信息予以保密，保护举报人的合法权益。举报人举报所在企业的，该企业不得以解除、变更劳动合同或者其他方式对举报人进行打击报复。

第一百一十六条　县级以上人民政府食品药品监督管理、质量监督等部门应当加强对执法人员食品安全法律、法规、标准和专业知识与执法能力等的培训，并组织考核。不具备相应知识和能力的，不得从事食品安全执法工作。

食品生产经营者、食品行业协会、消费者协会等发现食品安全执法人员在执法过程中有违反法律、法规规定的行为以及不规范执法行为的，可以向本级或者上级人民政府食品药品监督管理、质量监督等部门或者监察机关投诉、举报。接到投诉、举报的部门或者机关应当进行核实，并将经核实的情况向食品安全执法人员所在部门通报；涉嫌违法违纪的，按照本法和有关规定处理。

第一百一十七条　县级以上人民政府食品药品监督管理等部门未及时发现食品安全系统性风险，未及时消除监督管理区域内的食品安全隐患的，本级人民政府可以对其主要负责人进行责任约谈。

地方人民政府未履行食品安全职责，未及时消除区域性重大食品安全隐患的，上级人民政府可以对其主要负责人进行责任约谈。

被约谈的食品药品监督管理等部门、地方人民政府应当立即采取措施，对食品安全监督管理工作进行整改。

责任约谈情况和整改情况应当纳入地方人民政府和有关部门食品安全监督管理工作评议、考核记录。

第一百一十八条 国家建立统一的食品安全信息平台，实行食品安全信息统一公布制度。国家食品安全总体情况、食品安全风险警示信息、重大食品安全事故及其调查处理信息和国务院确定需要统一公布的其他信息由国务院食品药品监督管理部门统一公布。食品安全风险警示信息和重大食品安全事故及其调查处理信息的影响限于特定区域的，也可以由有关省、自治区、直辖市人民政府食品药品监督管理部门公布。未经授权不得发布上述信息。

县级以上人民政府食品药品监督管理、质量监督、农业行政部门依据各自职责公布食品安全日常监督管理信息。

公布食品安全信息，应当做到准确、及时，并进行必要的解释说明，避免误导消费者和社会舆论。

第一百一十九条 县级以上地方人民政府食品药品监督管理、卫生行政、质量监督、农业行政部门获知本法规定需要统一公布的信息，应当向上级主管部门报告，由上级主管部门立即报告国务院食品药品监督管理部门；必要时，可以直接向国务院食品药品监督管理部门报告。

县级以上人民政府食品药品监督管理、卫生行政、质量监督、农业行政部门应当相互通报获知的食品安全信息。

第一百二十条 任何单位和个人不得编造、散布虚假食品安全信息。

县级以上人民政府食品药品监督管理部门发现可能误导消费者和社会舆论的食品安全信息，应当立即组织有关部门、专业机构、相关食品生产经营者等进行核实、分析，并及时公布结果。

第一百二十一条 县级以上人民政府食品药品监督管理、质量监督等部门发现涉嫌食品安全犯罪的，应当按照有关规定及时将案件移送公安机关。对移送的案件，公安机关应当及时审查；认为有犯罪事实需要追究刑事责任的，应当立案侦查。

公安机关在食品安全犯罪案件侦查过程中认为没有犯罪事实，或者犯罪事实显著轻微，不需要追究刑事责任，但依法应当追究行政责任的，应当及时将案件移送食品药品监督管理、质量监督等部门和监察机关，有关部门应当依法处理。

公安机关商请食品药品监督管理、质量监督、环境保护等部门提供检验结论、认定意见以及对涉案物品进行无害化处理等协助的，有关部门应当及时提供，予以协助。

第九章　法律责任

第一百二十二条　违反本法规定，未取得食品生产经营许可从事食品生产经营活动，或者未取得食品添加剂生产许可从事食品添加剂生产活动的，由县级以上人民政府食品药品监督管理部门没收违法所得和违法生产经营的食品、食品添加剂以及用于违法生产经营的工具、设备、原料等物品；违法生产经营的食品、食品添加剂货值金额不足一万元的，并处五万元以上十万元以下罚款；货值金额一万元以上的，并处货值金额十倍以上二十倍以下罚款。

明知从事前款规定的违法行为，仍为其提供生产经营场所或者其他条件的，由县级以上人民政府食品药品监督管理部门责令停止违法行为，没收违法所得，并处五万元以上十万元以下罚款；使消费者的合法权益受到损害的，应当与食品、食品添加剂生产经营者承担连带责任。

第一百二十三条　违反本法规定，有下列情形之一，尚不构成犯罪的，由县级以上人民政府食品药品监督管理部门没收违法所得和违法生产经营的食品，并可以没收用于违法生产经营的工具、设备、原料等物品；违法生产经营的食品货值金额不足一万元的，并处十万元以上十五万元以下罚款；货值金额一万元以上的，并处货值金额十五倍以上三十倍以下罚款；情节严重的，吊销许可证，并可以由公安机关对其直接负责的主管人员和其他直接责任人员处五日以上十五日以下拘留：

（一）用非食品原料生产食品、在食品中添加食品添加剂以外的化学物质和其他可能危害人体健康的物质，或者用回收食品作为原料生产食品，或者经营上述食品；

（二）生产经营营养成分不符合食品安全标准的专供婴幼儿和其他特定人群的主辅食品；

（三）经营病死、毒死或者死因不明的禽、畜、兽、水产动物肉类，或者生产经营其制品；

（四）经营未按规定进行检疫或者检疫不合格的肉类，或者生产经营未经检验或者检验不合格的肉类制品；

（五）生产经营国家为防病等特殊需要明令禁止生产经营的食品；

（六）生产经营添加药品的食品。

明知从事前款规定的违法行为，仍为其提供生产经营场所或者其他条件的，由县级以上人民政府食品药品监督管理部门责令停止违法行为，没收违法所得，并处十万元以上二十万元以下罚款；使消费者的合法权益受到损害的，应当与食品生产经营者承担连带责任。

违法使用剧毒、高毒农药的，除依照有关法律、法规规定给予处罚外，可以由公安机关依照第一款规定给予拘留。

第一百二十四条　违反本法规定，有下列情形之一，尚不构成犯罪的，由县级以上人民政府食品药品监督管理部门没收违法所得和违法生产经营的食品、食品添加剂，并可以没收用于违法生产经营的工具、设备、原料等物品；违法生产经营的食品、食品添加剂货值金额不足一万元的，并处五万元以上十万元以下罚款；货值金额一万元以上的，并处货值金额十倍以上二十倍以下罚款；情节严重的，吊销许可证：

（一）生产经营致病性微生物，农药残留、兽药残留、生物毒素、重金属等污染物质以及其他危害人体健康的物质含量超过食品安全标准限量的食品、食品添加剂；

（二）用超过保质期的食品原料、食品添加剂生产食品、食品添加剂，或者经营上述食品、食品添加剂；

（三）生产经营超范围、超限量使用食品添加剂的食品；

（四）生产经营腐败变质、油脂酸败、霉变生虫、污秽不洁、混有异物、掺假掺杂或者感官性状异常的食品、食品添加剂；

（五）生产经营标注虚假生产日期、保质期或者超过保质期的食品、食品添加剂；

（六）生产经营未按规定注册的保健食品、特殊医学用途配方食品、婴幼儿配方乳粉，或者未按注册的产品配方、生产工艺等技术要求组织生产；

（七）以分装方式生产婴幼儿配方乳粉，或者同一企业以同一配方生产不同品牌的婴幼儿配方乳粉；

（八）利用新的食品原料生产食品，或者生产食品添加剂新品种，未通过安全性评估；

（九）食品生产经营者在食品药品监督管理部门责令其召回或者停止经营后，仍拒不召回或者停止经营。

除前款和本法第一百二十三条、第一百二十五条规定的情形外，生产经营不符合法律、法规或者食品安全标准的食品、食品添加剂的，依照前款规定给予处罚。

生产食品相关产品新品种，未通过安全性评估，或者生产不符合食品安全标准的食品相关产品的，由县级以上人民政府质量监督部门依照第一款规定给予处罚。

第一百二十五条　违反本法规定，有下列情形之一的，由县级以上人民政府食品药品监督管理部门没收违法所得和违法生产经营的食品、食品添加剂，并可以没收用于违法生产经营的工具、设备、原料等物品；违法生产经营的食品、食品添加剂货值金额不足一万元的，并处五千元以上五万元以下罚款；货值金额一万元以上的，并处货值金额五倍以上十倍以下罚款；情节严重的，责令停产停业，直至吊销许可证：

（一）生产经营被包装材料、容器、运输工具等污染的食品、食品添加剂；

（二）生产经营无标签的预包装食品、食品添加剂或者标签、说明书不符合本法规定的食品、食品添加剂；

（三）生产经营转基因食品未按规定进行标示；

（四）食品生产经营者采购或者使用不符合食品安全标准的食品原料、食品添加剂、食品相关产品。

生产经营的食品、食品添加剂的标签、说明书存在瑕疵但不影响食品安全且不会对消费者造成误导的，由县级以上人民政府食品药品监督管理部门责令改正；拒不改正的，处二千元以下罚款。

第一百二十六条 违反本法规定，有下列情形之一的，由县级以上人民政府食品药品监督管理部门责令改正，给予警告；拒不改正的，处五千元以上五万元以下罚款；情节严重的，责令停产停业，直至吊销许可证：

（一）食品、食品添加剂生产者未按规定对采购的食品原料和生产的食品、食品添加剂进行检验；

（二）食品生产经营企业未按规定建立食品安全管理制度，或者未按规定配备或者培训、考核食品安全管理人员；

（三）食品、食品添加剂生产经营者进货时未查验许可证和相关证明文件，或者未按规定建立并遵守进货查验记录、出厂检验记录和销售记录制度；

（四）食品生产经营企业未制定食品安全事故处置方案；

（五）餐具、饮具和盛放直接入口食品的容器，使用前未经洗净、消毒或者清洗消毒不合格，或者餐饮服务设施、设备未按规定定期维护、清洗、校验；

（六）食品生产经营者安排未取得健康证明或者患有国务院卫生行政部门规定的有碍食品安全疾病的人员从事接触直接入口食品的工作；

（七）食品经营者未按规定要求销售食品；

（八）保健食品生产企业未按规定向食品药品监督管理部门备案，或者未按备案的产品配方、生产工艺等技术要求组织生产；

（九）婴幼儿配方食品生产企业未将食品原料、食品添加剂、产品配方、标签等向食品药品监督管理部门备案；

（十）特殊食品生产企业未按规定建立生产质量管理体系并有效运行，或者未定期提交自查报告；

（十一）食品生产经营者未定期对食品安全状况进行检查评价，或者生产经营条件发生变化，未按规定处理；

（十二）学校、托幼机构、养老机构、建筑工地等集中用餐单位未按规定履行食品安全管理责任；

（十三）食品生产企业、餐饮服务提供者未按规定制定、实施生产经营过程控制要求。

餐具、饮具集中消毒服务单位违反本法规定用水，使用洗涤剂、消毒剂，或者出厂的餐具、饮具未按规定检验合格并随附消毒合格证明，或者未按规定在独立包装上标注相关内容的，由县级以上人民政府卫生行政部门依照前款规定给予处罚。

食品相关产品生产者未按规定对生产的食品相关产品进行检验的，由县级以上人民政府质量监督部门依照第一款规定给予处罚。

食用农产品销售者违反本法第六十五条规定的，由县级以上人民政府食品药品监督管理部门依照第一款规定给予处罚。

第一百二十七条 对食品生产加工小作坊、食品摊贩等的违法行为的处罚，依照省、自治区、直辖市制定的具体管理办法执行。

第一百二十八条 违反本法规定，事故单位在发生食品安全事故后未进行处置、报告的，由有关主管部门按照各自职责分工责令改正，给予警告；隐匿、伪造、毁灭有关证据的，责令停产停业，没收违法所得，并处十万元以上五十万元以下罚款；造成严重后果的，吊销许可证。

第一百二十九条 违反本法规定，有下列情形之一的，由出入境检验检疫机构依照本法第一百二十四条的规定给予处罚：

（一）提供虚假材料，进口不符合我国食品安全国家标准的食品、食品添加剂、食品相关产品；

（二）进口尚无食品安全国家标准的食品，未提交所执行的标准并经国务院卫生行政部门审查，或者进口利用新的食品原料生产的食品或者进口食品添加剂新品种、食品相关产品新品种，未通过安全性评估；

（三）未遵守本法的规定出口食品；

（四）进口商在有关主管部门责令其依照本法规定召回进口的食品后，仍拒不召回。

违反本法规定，进口商未建立并遵守食品、食品添加剂进口和销售记录制度、境外出口商或者生产企业审核制度的，由出入境检验检疫机构依照本法第一百二十六条的规定给予处罚。

第一百三十条 违反本法规定，集中交易市场的开办者、柜台出租者、展销会的举办者允许未依法取得许可的食品经营者进入市场销售食品，或者未履行检查、报告等义务的，由县级以上人民政府食品药品监督管理部门责令改正，没收违法所得，并处五万元以上二十万元以下罚款；造成严重后果的，责令停业，直至由原发证部门吊销许可证；使消费者的合法权益受到损害的，应当与食品经营者承担连带责任。

食用农产品批发市场违反本法第六十四条规定的，依照前款规定承担责任。

第一百三十一条 违反本法规定，网络食品交易第三方平台提供者未对入网食品经营者进行实名登记、审查许可证，或者未履行报告、停止提供网络交易平台服务等义务的，由县级以上人民政府食品药品监督管理部门责令改正，没收违法所得，并处五万元以上二十万元以下罚款；造成严重后果的，责令停业，直至由原发证部门吊销许可证；使消费者的合法权益受到损害的，应当与食品经营者承担连带责任。

消费者通过网络食品交易第三方平台购买食品，其合法权益受到损害的，可以向入网食品经营者或者食品生产者要求赔偿。网络食品交易第三方平台提供者不能提供入网食品经营者的真实名称、地址和有效联系方式的，由网络食品交易第三方平台提供者赔偿。网络食品交易第三方平台提供者赔偿后，有权向入网食品经营者或者食品生产者追偿。网络食品交易第三方平台提供者作出更有利于消费者承诺的，应当履行其承诺。

第一百三十二条　违反本法规定，未按要求进行食品贮存、运输和装卸的，由县级以上人民政府食品药品监督管理等部门按照各自职责分工责令改正，给予警告；拒不改正的，责令停产停业，并处一万元以上五万元以下罚款；情节严重的，吊销许可证。

第一百三十三条　违反本法规定，拒绝、阻挠、干涉有关部门、机构及其工作人员依法开展食品安全监督检查、事故调查处理、风险监测和风险评估的，由有关主管部门按照各自职责分工责令停产停业，并处二千元以上五万元以下罚款；情节严重的，吊销许可证；构成违反治安管理行为的，由公安机关依法给予治安管理处罚。

违反本法规定，对举报人以解除、变更劳动合同或者其他方式打击报复的，应当依照有关法律的规定承担责任。

第一百三十四条　食品生产经营者在一年内累计三次因违反本法规定受到责令停产停业、吊销许可证以外处罚的，由食品药品监督管理部门责令停产停业，直至吊销许可证。

第一百三十五条　被吊销许可证的食品生产经营者及其法定代表人、直接负责的主管人员和其他直接责任人员自处罚决定作出之日起五年内不得申请食品生产经营许可，或者从事食品生产经营管理工作、担任食品生产经营企业食品安全管理人员。

因食品安全犯罪被判处有期徒刑以上刑罚的，终身不得从事食品生产经营管理工作，也不得担任食品生产经营企业食品安全管理人员。

食品生产经营者聘用人员违反前两款规定的，由县级以上人民政府食品药品监督管理部门吊销许可证。

第一百三十六条　食品经营者履行了本法规定的进货查验等义务，有充分证据证明其不知道所采购的食品不符合食品安全标准，并能如实说明其进货来源的，可以免予处罚，但应当依法没收其不符合食品安全标准的食品；造成人身、财产或者其他损害的，依法承担赔偿责任。

第一百三十七条　违反本法规定，承担食品安全风险监测、风险评估工作的技术机构、技术人员提供虚假监测、评估信息的，依法对技术机构直接负责的主管人员和技术人员给予撤职、开除处分；有执业资格的，由授予其资格的主管部门吊销执业证书。

第一百三十八条　违反本法规定，食品检验机构、食品检验人员出具虚假检验报告的，由授予其资质的主管部门或者机构撤销该食品检验机构的检验资质，没收所收取的检验费用，并处检验费用五倍以上十倍以下罚款，检验费用不足一万元的，并处五万元以上十万元以下罚款；依法对食品检验机构直接负责的主管人员和食品检验人员给予撤职或者开除处分；导致发生重大食品安全事故的，对直接负责的主管人员和食品检验人员给予开除处分。

违反本法规定，受到开除处分的食品检验机构人员，自处分决定作出之日起十年内不得从事食品检验工作；因食品安全违法行为受到刑事处罚或者因出具虚假检验报告导致发生重大食品安全事故受到开除处分的食品检验机构人员，终身不得从事食品检验工作。食品检验机构聘用不得从事食品检验工作的人员的，由授予其资质的主管部门或者机构撤销该食品检验机构的检验资质。

食品检验机构出具虚假检验报告，使消费者的合法权益受到损害的，应当与食品生产经营者承担连带责任。

第一百三十九条 违反本法规定，认证机构出具虚假认证结论，由认证认可监督管理部门没收所收取的认证费用，并处认证费用五倍以上十倍以下罚款，认证费用不足一万元的，并处五万元以上十万元以下罚款；情节严重的，责令停业，直至撤销认证机构批准文件，并向社会公布；对直接负责的主管人员和负有直接责任的认证人员，撤销其执业资格。

认证机构出具虚假认证结论，使消费者的合法权益受到损害的，应当与食品生产经营者承担连带责任。

第一百四十条 违反本法规定，在广告中对食品作虚假宣传，欺骗消费者，或者发布未取得批准文件、广告内容与批准文件不一致的保健食品广告的，依照《中华人民共和国广告法》的规定给予处罚。

广告经营者、发布者设计、制作、发布虚假食品广告，使消费者的合法权益受到损害的，应当与食品生产经营者承担连带责任。

社会团体或者其他组织、个人在虚假广告或者其他虚假宣传中向消费者推荐食品，使消费者的合法权益受到损害的，应当与食品生产经营者承担连带责任。

违反本法规定，食品药品监督管理等部门、食品检验机构、食品行业协会以广告或者其他形式向消费者推荐食品，消费者组织以收取费用或者其他牟取利益的方式向消费者推荐食品的，由有关主管部门没收违法所得，依法对直接负责的主管人员和其他直接责任人员给予记大过、降级或者撤职处分；情节严重的，给予开除处分。

对食品作虚假宣传且情节严重的，由省级以上人民政府食品药品监督管理部门决定暂停销售该食品，并向社会公布；仍然销售该食品的，由县级以上人民政府食品药品监督管理部门没收违法所得和违法销售的食品，并处二万元以上五万元以下罚款。

第一百四十一条 违反本法规定，编造、散布虚假食品安全信息，构成违反治安管理行为的，由公安机关依法给予治安管理处罚。

媒体编造、散布虚假食品安全信息的，由有关主管部门依法给予处罚，并对直接负责的主管人员和其他直接责任人员给予处分；使公民、法人或者其他组织的合法权益受到损害的，依法承担消除影响、恢复名誉、赔偿损失、赔礼道歉等民事责任。

第一百四十二条 违反本法规定，县级以上地方人民政府有下列行为之一的，对直接负责的主管人员和其他直接责任人员给予记大过处分；情节较重的，给予降级或者撤职处分；情节严重的，给予开除处分；造成严重后果的，其主要负责人还应当引咎辞职：

（一）对发生在本行政区域内的食品安全事故，未及时组织协调有关部门开展有效处置，造成不良影响或者损失；

（二）对本行政区域内涉及多环节的区域性食品安全问题，未及时组织整治，造成不良影响或者损失；

（三）隐瞒、谎报、缓报食品安全事故；

（四）本行政区域内发生特别重大食品安全事故，或者连续发生重大食品安全事故。

第一百四十三条 违反本法规定，县级以上地方人民政府有下列行为之一的，对直接负责的主管人员和其他直接责任人员给予警告、记过或者记大过处分；造成严重后果的，给予降级或者撤职处分：

（一）未确定有关部门的食品安全监督管理职责，未建立健全食品安全全程监督管理工作机制和信息共享机制，未落实食品安全监督管理责任制；

（二）未制定本行政区域的食品安全事故应急预案，或者发生食品安全事故后未按规定立即成立事故处置指挥机构、启动应急预案。

第一百四十四条 违反本法规定，县级以上人民政府食品药品监督管理、卫生行政、质量监督、农业行政等部门有下列行为之一的，对直接负责的主管人员和其他直接责任人员给予记大过处分；情节较重的，给予降级或者撤职处分；情节严重的，给予开除处分；造成严重后果的，其主要负责人还应当引咎辞职：

（一）隐瞒、谎报、缓报食品安全事故；

（二）未按规定查处食品安全事故，或者接到食品安全事故报告未及时处理，造成事故扩大或者蔓延；

（三）经食品安全风险评估得出食品、食品添加剂、食品相关产品不安全结论后，未及时采取相应措施，造成食品安全事故或者不良社会影响；

（四）对不符合条件的申请人准予许可，或者超越法定职权准予许可；

（五）不履行食品安全监督管理职责，导致发生食品安全事故。

第一百四十五条 违反本法规定，县级以上人民政府食品药品监督管理、卫生行政、质量监督、农业行政等部门有下列行为之一，造成不良后果的，对直接负责的主管人员和其他直接责任人员给予警告、记过或者记大过处分；情节较重的，给予降级或者撤职处分；情节严重的，给予开除处分：

（一）在获知有关食品安全信息后，未按规定向上级主管部门和本级人民政府报告，或者未按规定相互通报；

（二）未按规定公布食品安全信息；

（三）不履行法定职责，对查处食品安全违法行为不配合，或者滥用职权、玩忽职守、徇私舞弊。

第一百四十六条 食品药品监督管理、质量监督等部门在履行食品安全监督管理职责过程中，违法实施检查、强制等执法措施，给生产经营者造成损失的，应当依法予以赔偿，对直接负责的主管人员和其他直接责任人员依法给予处分。

第一百四十七条 违反本法规定，造成人身、财产或者其他损害的，依法承担赔偿责任。生产经营者财产不足以同时承担民事赔偿责任和缴纳罚款、罚金时，先承担民事赔偿责任。

第一百四十八条 消费者因不符合食品安全标准的食品受到损害的，可以向经营者要求赔偿损失，也可以向生产者要求赔偿损失。接到消费者赔偿要求的生产经营者，应当实行首负责任制，先行赔付，不得推诿；属于生产者责任的，经营者赔偿后有权向生产者追偿；属于经营者责任的，生产者赔偿后有权向经营者追偿。

生产不符合食品安全标准的食品或者经营明知是不符合食品安全标准的食品，消费者除要求赔偿损失外，还可以向生产者或者经营者要求支付价款十倍或者损失三倍的赔偿金；增加赔偿的金额不足一千元的，为一千元。但是，食品的标签、说明书存在不影响食品安全且不会对消费者造成误导的瑕疵的除外。

第一百四十九条 违反本法规定，构成犯罪的，依法追究刑事责任。

第十章 附 则

第一百五十条 本法下列用语的含义：

食品，指各种供人食用或者饮用的成品和原料以及按照传统既是食品又是中药材的物品，但是不包括以治疗为目的的物品。

食品安全，指食品无毒、无害，符合应当有的营养要求，对人体健康不造成任何急性、亚急性或者慢性危害。

预包装食品，指预先定量包装或者制作在包装材料、容器中的食品。

食品添加剂，指为改善食品品质和色、香、味以及为防腐、保鲜和加工工艺的需要而加入食品中的人工合成或者天然物质，包括营养强化剂。

用于食品的包装材料和容器，指包装、盛放食品或者食品添加剂用的纸、竹、木、金属、搪瓷、陶瓷、塑料、橡胶、天然纤维、化学纤维、玻璃等制品和直接接触食品或者食品添加剂的涂料。

用于食品生产经营的工具、设备，指在食品或者食品添加剂生产、销售、使用过程中直接接触食品或者食品添加剂的机械、管道、传送带、容器、用具、餐具等。

用于食品的洗涤剂、消毒剂，指直接用于洗涤或者消毒食品、餐具、饮具以及直接接触食品的工具、设备或者食品包装材料和容器的物质。

食品保质期，指食品在标明的贮存条件下保持品质的期限。

食源性疾病，指食品中致病因素进入人体引起的感染性、中毒性等疾病，包括食物中毒。

食品安全事故，指食源性疾病、食品污染等源于食品，对人体健康有危害或者可能有危害的事故。

第一百五十一条 转基因食品和食盐的食品安全管理，本法未作规定的，适用其他法律、行政法规的规定。

第一百五十二条 铁路、民航运营中食品安全的管理办法由国务院食品药品监督管理部门会同国务院有关部门依照本法制定。

保健食品的具体管理办法由国务院食品药品监督管理部门依照本法制定。

食品相关产品生产活动的具体管理办法由国务院质量监督部门依照本法制定。

国境口岸食品的监督管理由出入境检验检疫机构依照本法以及有关法律、行政法规的规定实施。

军队专用食品和自供食品的食品安全管理办法由中央军事委员会依照本法制定。

第一百五十三条 国务院根据实际需要，可以对食品安全监督管理体制作出调整。

第一百五十四条 本法自 2015 年 10 月 1 日起施行。

国家食品药品监督管理总局令

第 24 号

《特殊医学用途配方食品注册管理办法》已于 2015 年 12 月 8 日经国家食品药品监督管理总局局务会议审议通过，现予公布，自 2016 年 7 月 1 日起施行。

局长　毕井泉

2016 年 3 月 7 日

特殊医学用途配方食品注册管理办法

第一章　总　　则

第一条　为规范特殊医学用途配方食品注册行为，加强注册管理，保证特殊医学用途配方食品质量安全，根据《中华人民共和国食品安全法》等法律法规，制定本办法。

第二条　在中华人民共和国境内生产销售和进口的特殊医学用途配方食品的注册管理，适用本办法。

第三条　特殊医学用途配方食品注册，是指国家食品药品监督管理总局根据申请，依照本办法规定的程序和要求，对特殊医学用途配方食品的产品配方、生产工艺、标签、说明书以及产品安全性、营养充足性和特殊医学用途临床效果进行审查，并决定是否准予注册的过程。

第四条　特殊医学用途配方食品注册管理，应当遵循科学、公开、公平、公正的原则。

第五条　国家食品药品监督管理总局负责特殊医学用途配方食品的注册管理工作。

国家食品药品监督管理总局行政受理机构（以下简称受理机构）负责特殊医学用途配方食品注册申请的受理工作。

国家食品药品监督管理总局食品审评机构（以下简称审评机构）负责特殊医学用途配方食品注册申请的审评工作。

国家食品药品监督管理总局审核查验机构（以下简称核查机构）负责特殊医学用途配方食品注册审评过程中的现场核查工作。

第六条　国家食品药品监督管理总局组建由食品营养、临床医学、食品安全、食品加工等领域专家组成的特殊医学用途配方食品注册审评专家库。

第七条　国家食品药品监督管理总局应当加强信息化建设，提高特殊医学用途配方食品注册管理信息化水平。

第二章 注 册

第一节 申请与受理

第八条 特殊医学用途配方食品注册申请人（以下简称申请人）应当为拟在我国境内生产并销售特殊医学用途配方食品的生产企业和拟向我国境内出口特殊医学用途配方食品的境外生产企业。

申请人应当具备与所生产特殊医学用途配方食品相适应的研发、生产能力，设立特殊医学用途配方食品研发机构，配备专职的产品研发人员、食品安全管理人员和食品安全专业技术人员，按照良好生产规范要求建立与所生产食品相适应的生产质量管理体系，具备按照特殊医学用途配方食品国家标准规定的全部项目逐批检验的能力。

研发机构中应当有食品相关专业高级职称或者相应专业能力的人员。

第九条 申请特殊医学用途配方食品注册，应当向国家食品药品监督管理总局提交下列材料：

（一）特殊医学用途配方食品注册申请书；

（二）产品研发报告和产品配方设计及其依据；

（三）生产工艺资料；

（四）产品标准要求；

（五）产品标签、说明书样稿；

（六）试验样品检验报告；

（七）研发、生产和检验能力证明材料；

（八）其他表明产品安全性、营养充足性以及特殊医学用途临床效果的材料。

申请特定全营养配方食品注册，还应当提交临床试验报告。

申请人应当对其申请材料的真实性负责。

第十条 受理机构对申请人提出的特殊医学用途配方食品注册申请，应当根据下列情况分别作出处理：

（一）申请事项依法不需要进行注册的，应当即时告知申请人不受理；

（二）申请事项依法不属于国家食品药品监督管理总局职权范围的，应当即时作出不予受理的决定，并告知申请人向有关行政机关申请；

（三）申请材料存在可以当场更正的错误的，应当允许申请人当场更正；

（四）申请材料不齐全或者不符合法定形式的，应当当场或者在 5 个工作日内一次告知申请人需要补正的全部内容，逾期不告知的，自收到申请材料之日起即为受理；

（五）申请事项属于国家食品药品监督管理总局职权范围，申请材料齐全、符合法定形式，或者申请人按照要求提交全部补正申请材料的，应当受理注册申请。

受理机构受理或者不予受理注册申请，应当出具加盖国家食品药品监督管理总局行政许可受理专用章和注明日期的书面凭证。

第二节　审查与决定

第十一条　审评机构应当对申请材料进行审查，并根据实际需要组织对申请人进行现场核查、对试验样品进行抽样检验、对临床试验进行现场核查和对专业问题进行专家论证。

第十二条　核查机构应当自接到审评机构通知之日起20个工作日内完成对申请人的研发能力、生产能力、检验能力等情况的现场核查，并出具核查报告。

核查机构应当通知申请人所在地省级食品药品监督管理部门参与现场核查，省级食品药品监督管理部门应当派员参与现场核查。

第十三条　审评机构应当委托具有法定资质的食品检验机构进行抽样检验。

检验机构应当自接受委托之日起30个工作日内完成抽样检验。

第十四条　核查机构应当自接到审评机构通知之日起40个工作日内完成对临床试验的真实性、完整性、准确性等情况的现场核查，并出具核查报告。

第十五条　审评机构可以从特殊医学用途配方食品注册审评专家库中选取专家，对审评过程中遇到的问题进行论证，并形成专家意见。

第十六条　审评机构应当自收到受理材料之日起60个工作日内根据核查报告、检验报告以及专家意见完成技术审评工作，并作出审查结论。

审评过程中需要申请人补正材料的，审评机构应当一次告知需要补正的全部内容。申请人应当在6个月内一次补正材料。补正材料的时间不计算在审评时间内。

特殊情况下需要延长审评时间的，经审评机构负责人同意，可以延长30个工作日，延长决定应当及时书面告知申请人。

第十七条　审评机构认为申请材料真实，产品科学、安全，生产工艺合理、可行和质量可控，技术要求和检验方法科学、合理的，应当提出予以注册的建议。

审评机构提出不予注册建议的，应当向申请人发出拟不予注册的书面通知。申请人对通知有异议的，应当自收到通知之日起20个工作日内向审评机构提出书面复审申请并说明复审理由。复审的内容仅限于原申请事项及申请材料。

审评机构应当自受理复审申请之日起30个工作日内作出复审决定。改变不予注册建议的，应当书面通知注册申请人。

第十八条　国家食品药品监督管理总局应当自受理申请之日起20个工作日内对特殊医学用途配方食品注册申请作出是否准予注册的决定。

现场核查、抽样检验、复审所需要的时间不计算在审评和注册决定的期限内。

对于申请进口特殊医学用途配方食品注册的，应当根据境外生产企业的实际情况，确定境外现场核查和抽样检验时限。

第十九条 国家食品药品监督管理总局作出准予注册决定的，受理机构自决定之日起 10 个工作日内颁发、送达特殊医学用途配方食品注册证书；作出不予注册决定的，应当说明理由，受理机构自决定之日起 10 个工作日内发出特殊医学用途配方食品不予注册决定，并告知申请人享有依法申请行政复议或者提起行政诉讼的权利。

特殊医学用途配方食品注册证书有效期限为 5 年。

第二十条 特殊医学用途配方食品注册证书及附件应当载明下列事项：

（一）产品名称；

（二）企业名称、生产地址；

（三）注册号及有效期；

（四）产品类别；

（五）产品配方；

（六）生产工艺；

（七）产品标签、说明书。

特殊医学用途配方食品注册号的格式为：国食注字 TY+4 位年号 +4 位顺序号，其中 TY 代表特殊医学用途配方食品。

第三节 变更与延续注册

第二十一条 申请人需要变更特殊医学用途配方食品注册证书及其附件载明事项的，应当向国家食品药品监督管理总局提出变更注册申请，并提交下列材料：

（一）特殊医学用途配方食品变更注册申请书；

（二）变更注册证书及其附件载明事项的证明材料。

第二十二条 申请人变更产品配方、生产工艺等可能影响产品安全性、营养充足性以及特殊医学用途临床效果的事项，国家食品药品监督管理总局应当进行实质性审查，并在本办法第十八条规定的期限内完成变更注册工作。

申请人变更企业名称、生产地址名称等不影响产品安全性、营养充足性以及特殊医学用途临床效果的事项，国家食品药品监督管理总局应当进行核实，并自受理之日起 10 个工作日内作出是否准予变更注册的决定。

第二十三条 国家食品药品监督管理总局准予变更注册申请的，向申请人换发注册证书，原注册号不变，证书有效期不变；不予批准变更注册申请的，应当作出不予变更注册决定。

第二十四条 特殊医学用途配方食品注册证书有效期届满，需要继续生产或者进口的，应当在有效期届满 6 个月前，向国家食品药品监督管理总局提出延续注册申请，并提交下列材料：

（一）特殊医学用途配方食品延续注册申请书；

（二）特殊医学用途配方食品质量安全管理情况；

（三）特殊医学用途配方食品质量管理体系自查报告；

（四）特殊医学用途配方食品跟踪评价情况。

第二十五条　国家食品药品监督管理总局根据需要对延续注册申请进行实质性审查，并在本办法第十八条规定的期限内完成延续注册工作。逾期未作决定的，视为准予延续。

第二十六条　国家食品药品监督管理总局准予延续注册的，向申请人换发注册证书，原注册号不变，证书有效期自批准之日起重新计算；不批准延续注册申请的，应当作出不予延续注册决定。

第二十七条　有下列情形之一的，不予延续注册：

（一）注册人未在规定时间内提出延续注册申请的；

（二）注册产品连续 12 个月内在省级以上监督抽检中出现 3 批次以上不合格的；

（三）企业未能保持注册时生产、检验能力的；

（四）其他不符合法律法规以及产品安全性、营养充足性和特殊医学用途临床效果要求的情形。

第二十八条　特殊医学用途配方食品变更注册与延续注册程序，本节未作规定的，适用本章第一节、第二节的相关规定。

第三章　临床试验

第二十九条　特定全营养配方食品需要进行临床试验的，由申请人委托符合要求的临床试验机构出具临床试验报告。临床试验报告应当包括完整的统计分析报告和数据。

第三十条　临床试验应当按照特殊医学用途配方食品临床试验质量管理规范开展。特殊医学用途配方食品临床试验质量管理规范由国家食品药品监督管理总局发布。

第三十一条　申请人组织开展多中心临床试验的，应当明确组长单位和统计单位。

第三十二条　申请人应当对用于临床试验的试验样品和对照样品的质量安全负责。

用于临床试验的试验样品应当由申请人生产并经检验合格，生产条件应当符合特殊医学用途配方食品良好生产规范。

第四章　标签和说明书

第三十三条　特殊医学用途配方食品的标签，应当依照法律、法规、规章和食品安全国家标准的规定进行标注。

第三十四条　特殊医学用途配方食品的标签和说明书的内容应当一致，涉及特殊医学用途配方食品注册证书内容的，应当与注册证书内容一致，并标明注册号。

标签已经涵盖说明书全部内容的，可以不另附说明书。

第三十五条　特殊医学用途配方食品标签、说明书应当真实准确、清晰持久、醒目易读。

第三十六条　特殊医学用途配方食品标签、说明书不得含有虚假内容，不得涉及疾病预防、治疗功能。生产企业对其提供的标签、说明书的内容负责。

第三十七条　特殊医学用途配方食品的名称应当反映食品的真实属性，使用食品安全国家标准规定的分类名称或者等效名称。

第三十八条　特殊医学用途配方食品标签、说明书应当按照食品安全国家标准的规定在醒目位置标示下列内容：

（一）请在医生或者临床营养师指导下使用；

（二）不适用于非目标人群使用；

（三）本品禁止用于肠外营养支持和静脉注射。

第五章　监督检查

第三十九条　特殊医学用途配方食品生产企业应当按照批准注册的产品配方、生产工艺等技术要求组织生产，保证特殊医学用途配方食品安全。

特殊医学用途配方食品生产企业提出的变更注册申请未经批准前，应当严格按照已经批准的注册证书及其附件载明的内容组织生产，不得擅自改变生产条件和要求。

特殊医学用途配方食品生产企业提出的变更注册申请经批准后，应当严格按照变更后的特殊医学用途配方食品注册证书及其附件载明的内容组织生产。

第四十条　参与特殊医学用途配方食品注册申请受理、技术审评、现场核查、抽样检验、临床试验等工作的人员和专家，应当保守注册中知悉的商业秘密。

申请人应当按照国家有关规定对申请材料中的商业秘密进行标注并注明依据。

第四十一条　有下列情形之一的，国家食品药品监督管理总局根据利害关系人的请求或者依据职权，可以撤销特殊医学用途配方食品注册：

（一）工作人员滥用职权、玩忽职守作出准予注册决定的；

（二）超越法定职权作出准予注册决定的；

（三）违反法定程序作出准予注册决定的；

（四）对不具备申请资格或者不符合法定条件的申请人准予注册的；

（五）食品生产许可证被吊销的；

（六）依法可以撤销注册的其他情形。

第四十二条　有下列情形之一的，国家食品药品监督管理总局应当依法办理特殊医学用途配方食品注册注销手续：

（一）企业申请注销的；

（二）有效期届满未延续的；

（三）企业依法终止的；

（四）注册依法被撤销、撤回，或者注册证书依法被吊销的；

（五）法律法规规定应当注销注册的其他情形。

第六章　法律责任

第四十三条　申请人隐瞒真实情况或者提供虚假材料申请注册的，国家食品药品监督管理总局不予受理或者不予注册，并给予警告；申请人在 1 年内不得再次申请注册。

第四十四条　被许可人以欺骗、贿赂等不正当手段取得注册证书的，由国家食品药品监督管理总局撤销注册证书，并处 1 万元以上 3 万元以下罚款；申请人在 3 年内不得再次申请注册。

第四十五条　伪造、涂改、倒卖、出租、出借、转让特殊医学用途配方食品注册证书的，由县级以上食品药品监督管理部门责令改正，给予警告，并处 1 万元以下罚款；情节严重的，处 1 万元以上 3 万元以下罚款。

第四十六条　注册人变更不影响产品安全性、营养充足性以及特殊医学用途临床效果的事项，未依法申请变更的，由县级以上食品药品监督管理部门责令改正，给予警告；拒不改正的，处 1 万元以上 3 万元以下罚款。

注册人变更产品配方、生产工艺等影响产品安全性、营养充足性以及特殊医学用途临床效果的事项，未依法申请变更的，由县级以上食品药品监督管理部门依照食品安全法第一百二十四条第一款的规定进行处罚。

第四十七条　食品药品监督管理部门及其工作人员对不符合条件的申请人准予注册，或者超越法定职权准予注册的，依照食品安全法第一百四十四条的规定给予处理。

食品药品监督管理部门及其工作人员在注册审批过程中滥用职权、玩忽职守、徇私舞弊的，依照食品安全法第一百四十五条的规定给予处理。

第七章　附　　则

第四十八条　特殊医学用途配方食品，是指为满足进食受限、消化吸收障碍、代谢紊乱或者特定疾病状态人群对营养素或者膳食的特殊需要，专门加工配制而成的配方食品，包括适用于 0 月龄至 12 月龄的特殊医学用途婴儿配方食品和适用于 1 岁以上人群的特殊医学用途配方食品。

第四十九条　适用于 0 月龄至 12 月龄的特殊医学用途婴儿配方食品包括无乳糖配方食品或者低乳糖配方食品、乳蛋白部分水解配方食品、乳蛋白深度水解配方食品或者氨基酸配方食品、早产或者低出生体重婴儿配方食品、氨基酸代谢障碍配方食品和母乳营养补充剂等。

第五十条　适用于 1 岁以上人群的特殊医学用途配方食品，包括全营养配方食品、特定全营养配方食品、非全营养配方食品。

全营养配方食品，是指可以作为单一营养来源满足目标人群营养需求的特殊医学用途配方食品。

特定全营养配方食品，是指可以作为单一营养来源满足目标人群在特定疾病或者医学状况下营养需求的特殊医学用途配方食品。常见特定全营养配方食品有：糖尿病全营养配方食品，呼吸系统疾病全营养配方食品，肾病全营养配方食品，肿瘤全营养配方食品，肝病全营养配方食品，肌肉衰减综合征全营养配方食品，创伤、感染、手术及其他应激状态全营养配方食品，炎性肠病全营养配方食品，食物蛋白过敏全营养配方食品，难治性癫痫全营养配方食品，胃肠道吸收障碍、胰腺炎全营养配方食品，脂肪酸代谢异常全营养配方食品，肥胖、减脂手术全营养配方食品。

非全营养配方食品，是指可以满足目标人群部分营养需求的特殊医学用途配方食品，不适用于作为单一营养来源。常见非全营养配方食品有：营养素组件（蛋白质组件、脂肪组件、碳水化合物组件），电解质配方，增稠组件，流质配方和氨基酸代谢障碍配方。

第五十一条　医疗机构配制供病人食用的营养餐不适用本办法。

第五十二条　本办法自 2016 年 7 月 1 日起施行。

特殊医学用途配方食品注册申请材料项目与要求（试行）

（2017 修订版）

一、申请材料的一般要求

（一）申请人通过国家食品药品监督管理总局网站（www.cfda.gov.cn）或国家食品药品监督管理总局食品审评机构网站（www.bjsp.gov.cn）进入特殊医学用途配方食品注册申请系统，按规定格式和内容填写并打印国产特殊医学用途配方食品注册申请书（附表 1）、进口特殊医学用途配方食品注册申请书（附表 2）、国产特殊医学用途配方食品变更注册申请书（附表 3）、进口特殊医学用途配方食品变更注册申请书（附表 4）、国产特殊医学用途配方食品延续注册申请书（附表 5）、进口特殊医学用途配方食品延续注册申请书（附表 6）。

（二）申请人应当在注册申请书后附上相关申请材料，相关申请材料中的每项材料应当按照申请书中列明的"所附材料"顺序排列，并将申请材料首页制作为材料目录。整套申请材料应装订成册，并有详细目录。

（三）每项材料应有封页，封页上注明产品名称、申请人名称，右上角注明该项材料名称。各项材料之间应当使用明显的区分标志，并标明各项材料名称或该项材料所在目录中的序号。

（四）申请材料使用 A4 规格纸张打印（中文不得小于四号字，英文不得小于 12 号字），内容应完整、清楚，不得涂改。

（五）除注册申请书和检验机构出具的检验报告外，申请材料应逐页或骑缝加盖申请人公章或印章，公章或印章应加盖在文字处。加盖的公章或印章应符合国家有关用章规定，并具法律效力。

（六）申请材料中填写的申请人名称、地址、法定代表人等内容应当与申请人主体登记证明文件中相关信息一致，申请材料中同一内容（如申请人名称、地址、产品名称等）的填写应前后一致。加盖的公章或印章应与申请人名称一致。申请注册的进口特殊医学用途配方食品，如有英文名称，其英文名称与中文名称应当有对应关系。

（七）申请材料中的外文证明性文件、外文标签说明书，以及外文参考文献中的摘要、关键词及表明产品安全性、营养充足性和特殊医学用途临床效果的内容应译为规范的中文。

（八）申请人应当同时提交申请材料的原件、复印件和电子版本。复印件和电子版本由原件制作，并保持完整、清晰，复印件和电子版本的内容应当与原件一致。申请人对申请材料的真实性负责，并承担相应的法律责任。

1. 产品注册申请材料提交原件1份、复印件7份；产品变更注册申请材料提交原件1份、复印件4份；产品延续注册申请材料提交原件1份、复印件4份。

审评过程中需要申请人补正材料的，应分别按产品注册申请、变更注册申请或延续注册申请规定的申请材料数量提交原件和复印件。

2. 各项申请材料应逐页或骑缝加盖申请人公章或印章，并扫描成电子版上传至特殊医学用途配方食品注册申请系统。

二、产品注册申请材料项目及要求

（一）产品注册申请材料项目

1. 特殊医学用途配方食品注册申请书；

2. 产品研发报告和产品配方设计及其依据；

3. 生产工艺材料；

4. 产品标准要求；

5. 产品标签、说明书样稿；

6. 试验样品检验报告；

7. 研发、生产和检验能力证明材料；

8. 申请特定全营养配方食品注册，还应当提交临床试验报告；

9. 与注册申请相关的证明性文件。

（二）产品注册申请材料要求

1. 注册申请书

（1）产品名称包括通用名称、商品名称，申请注册的进口特殊医学用途配方食品还可标注英文名称，英文名称应与中文名称有对应关系。

（2）通用名称应当反映食品的真实属性（指产品形态、食品分类属性等），使用《食品安全国家标准特殊医学用途婴儿配方食品通则》（GB 25596）、《食品安全国家标准特殊医学用途配方食品通则》（GB 29922）中规定的分类（类别）名称或者等效名称。

（3）商品名称应当符合法律、法规、规章和食品安全国家标准的规定，可以采用商标名称、牌号名称等。产品的商品名称不得与已经批准注册的药品、保健食品及特殊医学用途配方食品名称相同。

（4）其他需要说明的问题

①对其他需要说明的问题进行概述；

②产品曾经不予注册的，对相关情况及原因进行说明。

2. 产品研发报告和产品配方设计及其依据

（1）产品配方设计及其依据

①申请特殊医学用途婴儿配方食品和全营养配方食品注册，产品配方设计应符合《食品安全国家标准特殊医学用途婴儿配方食品通则》（GB 25596）、《食品安全国家标准特殊医学用途配方食品通则》（GB 29922）的相关规定。

②申请特定全营养配方食品和非全营养配方食品注册，应对产品的配方特点、配方原理或营养学特征进行描述或说明，提供产品能量和营养成分特征、适用人群、各组分（食品添加剂除外）含量确定依据，表明产品食用安全性、营养充足性和特殊医学用途临床效果的科学文献资料和试验研究资料等。

（2）产品配方

①配方中食品原料、食品辅料、营养强化剂、食品添加剂的种类应符合相应食品安全国家标准和（或）有关规定，不得添加标准中规定的营养素和可选择性成分以外的其他生物活性物质。

②配方中使用的食品原料、食品辅料、营养强化剂、食品添加剂应当使用规范的标准名称。

③配方应说明每1000g（克）、或每1000ml（毫升）、或每1000个制剂单位产品中所用食品原料、食品辅料、营养强化剂、食品添加剂用量（包括生产过程中使用的加工助剂）。食品原料、食品辅料、营养强化剂、食品添加剂用量需要折算时，应当说明折算方法。使用的食品原料、食品辅料、营养强化剂、食品添加剂用量属于复合配料的，应逐一列明各组分名称，并折算成在产品中的用量。

④配方中应标示每100g（克）和（或）每100ml（毫升）以及每100kJ（千焦）产品中的能量（kJ或kcal）、营养素和可选择性成分的含量；选择性标示每份产品中的能量（kJ或kcal）、营养素和可选择性成分的含量。当用份标示时，应标明每份产品的量。

⑤配方中能量、营养素和可选择性成分的限量应符合《食品安全国家标准特殊医学用途婴儿配方食品通则》（GB25596）、《食品安全国家标准特殊医学用途配方食品通则》（GB 29922）的规定。

（3）产品研发报告

①对产品研发目的、研发情况和主要研究结果进行概括和总结，包括：

A. 申请特定全营养配方食品和非全营养配方食品注册，提交产品配方筛选过程。

B. 申请特定全营养配方食品和非全营养配方食品注册，提供适用人群确定依据。

C. 生产工艺研究材料，主要包括工艺设计、工艺过程、工艺验证等内容。如产品形态选择、工艺路线及工艺参数确定的试验数据和科学文献依据，在确定的工艺条件下能够保证产品安全性、营养充足性和特殊医学用途临床效果的说明，对拟定的生产工艺进行工艺验证和偏差纠正的工艺验证材料，营养素、可选择性成分控制方案，以及污染物、微生物、真菌毒素等可能含有的危害物质的控制方案等。

D. 申请特定全营养配方食品和非全营养配方食品注册，提供产品标准要求制定过程及技术要求中各指标限量制定依据。

E. 包装材料和容器中有害物质迁移的控制方案。

②申请特殊医学用途婴儿配方食品和全营养配方食品注册，申请人参照《特殊医学用途配方食品稳定性研究要求（试行）（2017修订版）》要求组织稳定性研究试验，并保留记录备查。申请特定全营养配方食品和非全营养配方食品产品注册，应按照《特殊医学用途配方食品稳定性研究要求（试行）（2017修订版）》开展稳定性研究，并提交研究报告。报告内容包括：

A. 试验样品的名称、规格、批次和批产量、生产日期和试验开始时间。

B. 不同种类稳定性试验条件，如温度、光照强度、相对湿度等。

C. 包装材料名称和质量要求。

D. 稳定性研究考察项目、分析方法和限度。

E. 以表格的形式提交研究获得的全部分析数据。

F. 各考察点检测结果，并以具体数值表示。其中营养成分检测结果应标示其与首次检测结果的百分比。计量单位符合我国法定计量单位的规定，不宜采用"符合要求"等表述。在某个考察点进行多次检测的，应提供所有的检测结果及其相对标准偏差（RSD）。

G. 产品在贮存期内存在的主要风险、产生风险的主要原因和表现，产品稳定性试验种类选择依据，不同种类稳定性试验条件设置、考察项目和考察频率确定依据，稳定性考察结果与产品贮存条件、保质期、包装材料及产品食用方法确定之间的关系，对试验结果进行分析并得出试验结论。

对于已在我国上市销售的特定全营养配方食品和非全营养配方食品，可提交已有的稳定性研究材料，并对稳定性结果进行总结。

3. 生产工艺材料

（1）生产工艺文本。文本主要内容：详细描述生产工艺步骤，如预处理、投料、制备、灭菌、包装等，提供各工艺步骤技术参数。

（2）对生产场所和所用设备的说明。如生产车间的洁净度级别、温湿度要求、设备名称和型号等。

（3）说明影响产品质量的关键环节及质量控制措施。

（4）不同品种的产品在同一条生产线上生产时，提供有效防止交叉污染所采取的措施及相关材料。

（5）生产工艺流程图，注明相关技术参数。

4. 产品标准要求

（1）产品标准要求应当符合《标准化工作导则第 1 部分标准的结构和编写》（GB/T1.1）、相关食品安全国家标准和有关规定。

（2）产品标准要求内容包括资料性概述要素（封面、目次、前言）、规范性一般要素（标准名称、范围、规范性引用文件）、规范性技术要素（技术要求、试验方法、检验规则、标志、包装、运输、贮存、规范性附录）以及质量要求编写说明等。

（3）产品技术要求内容包括：食品原料、食品辅料、营养强化剂、食品添加剂及直接接触产品的包装材料和容器质量要求，感官要求，能量、营养素和可选择性成分限量，污染物限量，真菌毒素限量，微生物限量，依据产品特性需要增订的其他指标限量（如 pH 值、黏度、水分含量、渗透压、相对密度、总固体、沉降体积比），净含量和规格等。

①所用食品原料、食品辅料、营养强化剂、食品添加剂的品种、等级和质量要求应当符合相应的食品安全国家标准和（或）相关规定，进口注册产品使用的食品原料、食品辅料、营养强化剂、食品添加剂，其质量安全标准与食品安全国家标准有差异的，应提供符合食品安全国家标准相关材料。

②产品配方中含有或在营养成分表中标示的可选择性成分，产品标准要求中应标示其含量且应符合相应产品类别相关食品安全国家标准规定。

③产品配方中选择性添加了 L- 氨基酸时，产品标准要求中不强制要求标注所添加的氨基酸种类及用量，其含量可用蛋白质（等同物）、氨基酸总量等标示。

④各指标限量及检测方法应符合《食品安全国家标准特殊医学用途配方食品通则》（GB 29922）、《食品安全国家标准特殊医学用途婴儿配方食品通则》（GB 25596）等食品安全国家标准及有关规定。营养素、可选择性成分中食品安全国家标准没有规定检测方法的，申请人应提供检测方法及方法学验证资料。

⑤净含量和规格应符合相关规定。

5. 产品标签、说明书样稿

（1）产品标签、说明书应符合法律、法规、规章、食品安全国家标准以及《特殊医学用途配方食品标签、说明书样稿要求（试行）》的规定。

（2）产品标签、说明书中的产品配方应与注册批准的内容一致，产品标签和说明书中对应的内容应当一致。

（3）进口特殊医学用途配方食品应当有中文标签和说明书。产品已经在生产国（地区）上市销售的，除产品标签、说明书样稿以外，还应提供上市使用的说明书、包装、标签实样，及其中文译本，并确保中文译本的真实性、准确性与一致性。

6. 试验样品检验报告

试验样品应在满足《食品安全国家标准特殊医学用途配方食品良好生产规范》（GB 29923）要求及商业化生产条件下生产。

（1）三批试验样品检验报告应包括产品标准要求中规定的全部项目。

（2）申请特定全营养配方食品和非全营养配方食品产品注册，提交试验样品稳定性试验报告。

（3）检验报告应载明所有项目的检验数据，并明确检验结论。

（4）试验样品可由申请人自行检验；委托具有法定资质的第三方检验机构进行检验的，出具的检验报告应加盖第三方检验机构公章。

7. 研发、生产和检验能力证明材料

（1）研发能力证明材料。包括：产品配方设计及其依据、产品研发报告等。

（2）生产能力证明材料。

①产品已上市的申请人应提交以下材料：

已取得食品生产许可证的境内申请人，应提交食品生产许可证复印件（含正本、副本及品种明细）；已取得进口资质特殊医学用途配方食品的境外申请人，应提交良好生产管理规范和（或）相应生产质量管理体系的证明材料。

②产品未上市或未取得生产许可的申请人应提交的材料包括：

与产品生产相适应的食品安全管理人员、食品安全专业技术人员基本情况表；生产场所的主要设施、设备清单；申请人按照良好生产管理规范要求建立与所生产食品相适应的生产质量管理体系的相关证明材料。

（3）检验能力证明材料。包括：自行检验的，应提交检验人员、检验设备设施、全项目资质的基本情况；不具备自行检验能力的，应提交实施逐批检验的检验机构名称、法定资质证明以及申请人与该检验机构的委托合同等。

8. 临床试验报告

（1）申请特定全营养配方食品注册的，应当按照《特殊医学用途配方食品临床试验质量管理规范（试行）》进行临床试验，并出具临床试验报告。

（2）产品申请注册时，除临床试验报告外，申请人还需提交临床试验相关材料，包括国内和（或）国外临床试验材料综述、具有法定资质的食品检验机构出具的试验用产品合格的检验报告、临床试验方案、研究者手册、伦理委员会批准意见、知情同意书模板、数据管理计划及报告、统计分析计划及报告、锁定数据库光盘等。

9. 与注册申请相关的证明性文件

（1）申请人主体登记证明文件复印件。

（2）产品含注册商标的，应提供国家商标注册管理部门批准的商标注册证书复印件，商标使用范围应符合要求。商标注册人与申请人不一致的，应提供申请人可以合法使用该商标的证明文件。

（3）申请进口特殊医学用途配方食品注册，应提交以下证明性文件：

①产品生产国（地区）政府主管部门或者法律服务机构出具的境外申请人为境外生

产企业的资质证明文件复印件及其中文译本。

②产品生产国（地区）政府主管部门或者法律服务机构出具的允许产品上市销售的证明复印件及其中文译本，产品未上市销售的，可不提供。

③由境外申请人常驻中国代表机构办理注册事务的，应当提交《外国企业常驻中国代表机构登记证》复印件。

④境外申请人委托境内代理机构办理注册事项的，应当提交经过公证的授权委托书原件及其中文译本，以及受委托的代理机构营业执照复印件。

授权委托书中应载明出具单位名称、被委托单位名称、委托申请注册的产品名称、委托事项及授权委托书出具日期。授权委托书的委托方应与申请人名称一致。

申请人应当确保译本的真实性、准确性与一致性。

三、变更注册申请材料项目及要求

（一）一般材料项目及要求

1. 特殊医学用途配方食品变更注册申请书。

2. 产品注册证书及其附件复印件。

3. 申请人主体登记证明文件复印件。

4. 申请进口特殊医学用途配方食品变更注册，由境外申请人常驻中国代表机构办理注册事务的，应当提交《外国企业常驻中国代表机构登记证》复印件；境外申请人委托境内代理机构办理注册事项的，应当提交经过公证的授权委托书原件及其中文译本，以及受委托的代理机构营业执照复印件。申请人应当确保译本的真实性、准确性与一致性。

授权委托书中应载明出具单位名称、被委托单位名称、委托申请注册的产品名称、委托事项及授权委托书出具日期。授权委托书的委托方应与申请人名称一致。

5. 变更后的产品标签、说明书，生产工艺材料等与变更事项内容相关的注册申请材料。

（二）其他材料项目及要求

1. 申请人名称或地址名称的变更申请，还应提交当地政府主管部门或所在国家（地区）有关机构出具的该申请人名称或地址名称变更的证明性文件。

2. 变更产品配方中作为非营养成分的食品添加剂、标签说明书载明的有关事项，生产工艺再优化等，还须提交变更的必要性、合理性、科学性和可行性资料，变更后产品配方、生产工艺、产品标准要求等未发生实质改变的证明材料。申请特定全营养配方食品和非全营养配方食品产品变更注册，按拟变更后条件生产的三批样品稳定性检验报告。

（三）涉及变更的其他要求

涉及产品配方、生产工艺等可能影响产品安全性、营养充足性和特殊医学用途临床效果事项的变更，应按新产品注册要求提出变更注册申请。

四、延续注册申请材料项目及要求

特殊医学用途配方食品注册证书有效期届满，需要继续生产或进口的，应当在有效期届满 6 个月前向国家食品药品监督管理总局提出延续注册申请，并提交以下材料：

（一）特殊医学用途配方食品延续注册申请书。

（二）产品注册证书及其附件复印件。

（三）申请人主体登记证明文件复印件。

（四）特殊医学用途配方食品质量安全管理情况。

（五）特殊医学用途配方食品质量管理体系自查报告。

（六）特殊医学用途配方食品跟踪评价情况，包括五年内产品生产（或进口）、销售、抽验情况总结，对产品不合格情况的说明，以及五年内产品临床使用情况及不良反应情况总结等。

（七）产品注册证书及其附件载明事项等内容与上次注册内容相比有改变的，应当注明具体改变内容，并提供相关材料。

（八）申请特定全营养配方食品和非全营养配方食品产品延续注册，提交产品注册申请时承诺继续完成的完整的长期稳定性试验研究材料。

（九）申请进口特殊医学用途配方食品延续注册，由境外申请人常驻中国代表机构办理注册事务的，应当提交《外国企业常驻中国代表机构登记证》复印件；境外申请人委托境内代理机构办理注册事项的，应当提交经过公证的授权委托书原件及其中文译本，以及受委托的代理机构营业执照复印件。申请人应当确保译本的真实性、准确性与一致性。

授权委托书中应载明出具单位名称、被委托单位名称、委托申请注册的产品名称、委托事项及授权委托书出具日期。授权委托书的委托方应与申请人名称一致。

附表：1. 国产特殊医学用途配方食品注册申请书

2. 进口特殊医学用途配方食品注册申请书

3. 国产特殊医学用途配方食品变更注册申请书

4. 进口特殊医学用途配方食品变更注册申请书

5. 国产特殊医学用途配方食品延续注册申请书

6. 进口特殊医学用途配方食品延续注册申请书

附表 1

受理编号：国食注申 TY

受理日期：　　　　　　　　年　月　日

国产特殊医学用途配方食品
注册申请书

产品名称＿＿＿＿＿＿＿＿＿＿＿

国家食品药品监督管理总局制

填写说明

1.申请人登录国家食品药品监督管理总局网站（www.cfda.gov.cn）或国家食品药品监督管理总局食品审评机构网站（www.bjsp.gov.cn），按规定格式和内容填写并打印本申请书。

2.本申请书及所有申请材料均须打印。

3.本申请书内容应完整、清楚、不得涂改。

4.填写本申请书前，请认真阅读有关法规及申请与受理规定。未按要求申请的产品，将不予受理。

申请事项

产品类别	□全营养配方食品	□特定全营养配方食品
	□非全营养配方食品	□无乳糖配方或低乳糖配方
	□氨基酸代谢障碍配方	□乳蛋白深度水解配方或氨基酸配方
	□母乳营养补充剂	□早产/低出生体重婴儿配方
	□乳蛋白部分水解配方	

产品情况

产品名称	通用名称	
	商品名称	
组织状态		
净含量和规格		

申请人

企业名称	
□申请人统一社会信用代码	
□申请人组织机构代码	
申请人地址	
申请人联系方式	
法定代表人	

生产地址	
通讯地址	
注册申请联系人	
注册申请联系人电话	
传真	
电子邮箱	
邮政编码	

其他需要说明的问题:

申报单位保证书

本产品申报单位保证：1.本申请遵守《中华人民共和国食品安全法》《中华人民共和国食品安全法实施条例》《特殊医学用途配方食品注册管理办法》等法律、法规和规章的规定。2.申请书内容及所附材料均真实、来源合法，未侵犯他人的权益。其中试验研究的方法和数据均为本产品所采用的方法和由检测本产品得到的试验数据。一并提交的电子文件与打印文件、复印件内容完全一致。如查有不实之处，我们承担由此导致的一切法律后果。

————————
申请人（签章）

————————————
申请人法定代表人（签字）

年　　月　　日

所附材料（请在所提供材料前的□内打"√"）

□ (1) 国产特殊医学用途配方食品注册申请书；

□ (2) 产品研发报告和产品配方设计及其依据；

□ (3) 生产工艺材料；

□ (4) 产品标准要求；

□ (5) 产品标签、说明书样稿；

□ (6) 试验样品检验报告；

□ (7) 研发、生产和检验能力证明材料；

□ (8) 特定全营养配方食品注册申请应提交的临床试验报告；

□ (9) 与注册申请相关的证明性文件。

附表 2

进口特殊医学用途配方食品
注册申请书

产品名称＿＿＿＿＿＿＿＿＿＿

国家食品药品监督管理总局制

填写说明

1.申请人登录国家食品药品监督管理总局网站（www.cfda.gov.cn）或国家食品药品监督管理总局食品审评机构网站（www.bjsp.gov.cn），按规定格式和内容填写并打印本申请书。

2.本申请书及所有申请材料均须打印。

3.本申请书内容应完整、清楚、不得涂改。

4.填写本申请书前，请认真阅读有关法规及申请与受理规定。未按要求申请的产品，将不予受理。

申请事项			
产品类别	☐ 全营养配方食品		☐ 特定全营养配方食品
	☐ 非全营养配方食品		☐ 无乳糖配方或低乳糖配方
	☐ 氨基酸代谢障碍配方		☐ 乳蛋白深度水解配方或氨基酸配方
	☐ 母乳营养补充剂		☐ 早产/低出生体重婴儿配方
	☐ 乳蛋白部分水解配方		

产品情况		
产品名称	通用名称	
	商品名称	
	英文名称	
组织状态		
净含量和规格		

申请人		
企业名称	中文	
	英文	
申请人国家/地区	中文	
	英文	
申请人地址		
申请人联系方式		
生产地址		
境内申报机构名称		

境内通讯地址	
境内注册申请联系人	
境内注册申请联系人电话	
传真	
电子邮箱	
邮政编码	

其他需要说明的问题:

申报单位保证书

本产品申报单位保证：1.本申请遵守《中华人民共和国食品安全法》《中华人民共和国食品安全法实施条例》《特殊医学用途配方食品注册管理办法》等法律、法规和规章的规定。2.申请书内容及所附材料均真实、来源合法，未侵犯他人的权益。其中试验研究的方法和数据均为本产品所采用的方法和由检测本产品得到的试验数据。一并提交的电子文件与打印文件、复印件内容完全一致。如查有不实之处，我们承担由此导致的一切法律后果。

_____
申请人（签章）

_____
申请人法定代表人（签字）

　　　　年　　月　　日

_____
境内申报机构（签章）

_____
境内申报机构法定代表人（签字）

　　　　年　　月　　日

所附材料（请在所提供材料前的□内打"√"）

□ (1) 进口特殊医学用途配方食品注册申请书；

□ (2) 产品研发报告和产品配方设计及其依据；

□ (3) 生产工艺材料；

□ (4) 产品标准要求；

□ (5) 产品标签、说明书样稿；

□ (6) 试验样品检验报告；

□ (7) 研发、生产和检验能力证明材料；

□ (8) 特定全营养配方食品注册申请应提交的临床试验报告；

□ (9) 与注册申请相关的证明性文件。

附表3

<table>
<tr><td>受理编号：国食注更 TY</td></tr>
<tr><td>受理日期：　　　　年　月　日</td></tr>
</table>

国产特殊医学用途配方食品变更注册申请书

产品名称＿＿＿＿＿＿＿＿＿＿

国家食品药品监督管理总局制

填写说明

1. 申请人登录国家食品药品监督管理总局网站（www.cfda.gov.cn）或国家食品药品监督管理总局食品审评机构网站（www.bjsp.gov.cn），按规定格式和内容填写并打印本申请书。

2.本申请书及所有申请材料均须打印。

3.本申请书内容应完整、清楚、不得涂改。

4.填写本申请书前，请认真阅读有关法规及申请与受理规定。未按要求申请的产品，将不予受理。

申请事项		
申请变更事项	☐ 产品名称	☐ 企业名称
	☐ 生产地址名称	☐ 产品配方
	☐ 生产工艺	☐ 产品标签、说明书
	☐ 其他	

产品情况

产品名称	通用名称	
	商品名称	
组织状态		
净含量和规格		
注册号		
有效期至	年　月　日	
申请变更内容		
原批准的相应内容		
申请变更理由		
最近一次变更申请情况	受理编号： 申请变更内容： 申请最终状态： ☐ 准予变更　☐ 自行撤回　☐ 不予变更	

特殊医学用途配方食品注册申请材料项目与要求（试行）

申请人

申请人名称	
申请人统一社会信用代码	
申请人地址	
申请人联系方式	
法定代表人	
生产地址	
通讯地址	
注册申请联系人	
注册申请联系人电话	
传真	
电子邮箱	
邮政编码	

其他需要说明的问题：

申报单位保证书

　　本产品申报单位保证：1.本申请遵守《中华人民共和国食品安全法》《中华人民共和国食品安全法实施条例》《特殊医学用途配方食品注册管理办法》等法律、法规和规章的规定。2.申请书内容及所附材料均真实、来源合法，未侵犯他人的权益。其中试验研究的方法和数据均为本产品所采用的方法和由检测本产品得到的试验数据。一并提交的电子文件与打印文件、复印件内容完全一致。如查有不实之处，我们承担由此导致的一切法律后果。

　　————————　　　　　　　　　　　————————

　　申请人（签章）　　　　　　　　　申请人法定代表人（签字）

　　　　　　　　　　　　　　　　　　　　年　　月　　日

所附材料（请在所提供材料前的□内打"√"）

□（1）国产特殊医学用途配方食品变更注册申请书；

□（2）产品注册证书及其附件复印件；

□（3）申请人主体登记证明文件复印件；

□（4）变更后的产品标签、说明书、生产工艺材料等与变更事项内容相关的注册申请材料。

受理编号：国食注更 TY

受理日期：　　　　　年　月　日

进口特殊医学用途配方食品
变更注册申请书

产品名称＿＿＿＿＿＿＿＿＿＿＿

国家食品药品监督管理总局制

填写说明

1.申请人登录国家食品药品监督管理总局网站（www.cfda.gov.cn）或国家食品药品监督管理总局食品审评机构网站（www.bjsp.gov.cn），按规定格式和内容填写并打印本申请书。

2.本申请书及所有申请材料均须打印。

3.本申请书内容应完整、清楚、不得涂改。

4.填写本申请书前，请认真阅读有关法规及申请与受理规定。未按要求申请的产品，将不予受理。

申请事项		
申请变更事项	☐产品名称	☐ 企业名称
	☐生产地址名称	☐ 产品配方
	☐生产工艺	☐ 产品标签、说明书
	☐其他	

产品情况		
产品名称	通用名称	
	商品名称	
	英文名称	
组织状态		
净含量和规格		
注册号		
有效期至	年　月　日	
申请变更内容		
原批准的相应内容		
申请变更理由		
最近一次变更申请情况	受理编号： 申请变更内容： 申请最终状态： ☐ 准予变更　☐ 自行撤回　☐ 不予变更	

特殊医学用途配方食品注册申请材料项目与要求（试行）

申请人			
企业名称	中文		
	英文		
申请人国家/地区	中文		
	英文		
申请人地址			
申请人联系方式			
生产地址			
境内申报机构名称			
境内通讯地址			
境内注册申请联系人			
境内注册申请联系人电话			
传真			
电子邮箱			
邮政编码			

其他需要说明的问题:

申报单位保证书

　　本产品申报单位保证：1.本申请遵守《中华人民共和国食品安全法》《中华人民共和国食品安全法实施条例》《特殊医学用途配方食品注册管理办法》等法律、法规和规章的规定。2.申请书内容及所附材料均真实、来源合法，未侵犯他人的权益。其中试验研究的方法和数据均为本产品所采用的方法和由检测本产品得到的试验数据。一并提交的电子文件与打印文件、复印件内容完全一致。如查有不实之处，我们承担由此导致的一切法律后果。

　　　申请人（签章）　　　　　　　　　　申请人法定代表人（签字）

　　　　　　　　　　　　　　　　　　　　　　　年　月　日

　　境内申报机构（签章）　　　　　　　境内申报机构法定代表人（签字）

　　　　　　　　　　　　　　　　　　　　　　　年　月　日

所附材料（请在所提供材料前的□内打"√"）

□ (1) 进口特殊医学用途配方食品变更注册申请书；

□ (2) 产品注册证书及其附件复印件；

□ (3) 申请人主体登记证明文件复印件；

□ (4) 变更后的产品标签、说明书、生产工艺材料等与变更事项内容相关的注册申请材料；

□ (5)《外国企业常驻中国代表机构登记证》复印件；或者境外申请人委托境内代理机构办理注册事项的，应当提交经过公证的授权委托书原件及其中文译本，以及受委托的代理机构营业执照复印件。

受理编号：国食注延 TY

受理日期：　　　　　年　月　日

国产特殊医学用途配方食品
延续注册申请书

产品名称_____

国家食品药品监督管理总局制

填写说明

1.申请人登录国家食品药品监督管理总局网站（www.cfda.gov.cn）或国家食品药品监督管理总局食品审评机构网站（www.bjsp.gov.cn），按规定格式和内容填写并打印本申请书。

2.本申请书及所有申请材料均须打印。

3.本申请书内容应完整、清楚、不得涂改。

4.填写本申请书前，请认真阅读有关法规及申请与受理规定。未按要求申请的产品，将不予受理。

产品情况		
产品名称	通用名称	
	商品名称	
组织状态		
净含量和规格		
注册号		
有效期至	年　月　日	
批准变更情况	变更内容：	
生产销售情况	□ 生产销售　　□ 曾经生产销售　　□ 未曾生产销售	

申请人	
企业名称	
申请人统一社会信用代码	
申请人地址	
申请人联系方式	
法定代表人	
生产地址	
通讯地址	
注册申请联系人	

注册申请联系人电话	
传真	
电子邮箱	
邮政编码	

其他需要说明的问题：

申报单位保证书

本产品申报单位保证：1.本申请遵守《中华人民共和国食品安全法》《中华人民共和国食品安全法实施条例》《特殊医学用途配方食品注册管理办法》等法律、法规和规章的规定。2.申请书内容及所附材料均真实、来源合法，未侵犯他人的权益。其中试验研究的方法和数据均为本产品所采用的方法和由检测本产品得到的试验数据。一并提交的电子文件与打印文件、复印件内容完全一致。如查有不实之处，我们承担由此导致的一切法律后果。

    ————————   ————————————

   申请人（签章）   申请人法定代表人（签字）

                                    年 月 日

所附材料（请在所提供材料前的□内打"✓"）

□ (1) 国产特殊医学用途配方食品延续注册申请书；

□ (2) 产品注册证书及其附件复印件；

□ (3) 申请人主体登记证明文件复印件；

□ (4) 特殊医学用途配方食品质量安全管理情况；

□ (5) 特殊医学用途配方食品质量管理体系自查报告；

□ (6) 特殊医学用途配方食品跟踪评价情况，包括五年内产品生产、销售、抽验情况总结，对产品不合格情况的说明，以及五年内产品临床使用情况及不良反应情况总结等；

□ (7) 产品注册证书及其附件载明事项等内容与上次注册内容相比有改变的，应当注明具体改变内容，并提供相关材料；

□ (8) 申请特定全营养配方食品和非全营养配方食品产品注册，提交产品注册申请时承诺继续完成的完整的长期稳定性试验研究材料。

附表6

<table>
<tr><td>受理编号：国食注延 TY</td></tr>
<tr><td>受理日期： 年 月 日</td></tr>
</table>

进口特殊医学用途配方食品
延续注册申请书

产品名称_____

国家食品药品监督管理总局制

填写说明

1.申请人登录国家食品药品监督管理总局网站（www.cfda.gov.cn）或国家食品药品监督管理总局食品审评机构网站（www.bjsp.gov.cn），按规定格式和内容填写并打印本申请书。

2.本申请书及所有申请材料均须打印。

3.本申请书内容应完整、清楚、不得涂改。

4.填写本申请书前，请认真阅读有关法规及申请与受理规定。未按要求申请的产品，将不予受理。

产品情况		
产品名称	通用名称	
	商品名称	
	英文名称	
组织状态		
净含量和规格		
注册号		
有效期至	年　月　日	
批准变更情况	变更内容:	
生产销售情况	□ 生产销售　　□ 曾经生产销售　　□ 未曾生产销售	

申请人		
企业名称	中文	
	英文	
申请人国家/地区	中文	
	英文	
申请人地址		
申请人联系方式		
生产地址		
境内申报机构名称		

境内通讯地址	
境内注册申请联系人	
境内注册申请联系人电话	
传真	
电子邮箱	
邮政编码	

其他需要说明的问题：

申报单位保证书

本产品申报单位保证：1.本申请遵守《中华人民共和国食品安全法》《中华人民共和国食品安全法实施条例》《特殊医学用途配方食品注册管理办法》等法律、法规和规章的规定。2.申请书内容及所附材料均真实、来源合法，未侵犯他人的权益。其中试验研究的方法和数据均为本产品所采用的方法和由检测本产品得到的试验数据。一并提交的电子文件与打印文件、复印件内容完全一致。如查有不实之处，我们承担由此导致的一切法律后果。

申请人（签章）

申请人法定代表人（签字）

年　月　日

境内申报机构（签章）

境内申报机构法定代表人（签字）

年　　月　　日

所附材料（请在所提供材料前的□内打"✓"）

□ (1) 进口特殊医学用途配方食品延续注册申请书；

□ (2) 产品注册证书及其附件复印件；

□ (3) 申请人主体登记证明文件复印件；

□ (4) 特殊医学用途配方食品质量安全管理情况；

□ (5) 特殊医学用途配方食品质量管理体系自查报告；

□ (6) 特殊医学用途配方食品跟踪评价情况，包括五年内产品进口、销售、抽验情况总结，对产品不合格情况的说明，以及五年内产品临床使用情况及不良反应情况总结等；

□ (7) 产品注册证书及其附件载明事项等内容与上次注册内容相比有改变的，应当注明具体改变内容，并提供相关材料；

□ (8) 申请特定全营养配方食品和非全营养配方食品产品注册，提交产品注册申请时承诺继续完成的完整的长期稳定性试验研究材料；

□ (9)《外国企业常驻中国代表机构登记证》复印件；或者境外申请人委托境内代理机构办理注册事项的，应当提交经过公证的授权委托书原件及其中文译本，以及受委托的代理机构营业执照复印件。

特殊医学用途配方食品稳定性研究要求（试行）

（2017 修订版）

一、基本原则

特殊医学用途配方食品稳定性研究是质量控制研究的重要组成部分，其目的是通过设计试验获得产品质量特性在各种环境因素影响下随时间变化的规律，并据此为产品配方设计、生产工艺、配制使用、包装材料选择、产品贮存条件和保质期的确定等提供支持性信息。

二、适用范围

本研究要求适用于在中华人民共和国境内申请注册的特殊医学用途配方食品稳定性研究工作。

三、研究要求

稳定性研究应根据不同的研究目的，结合食品原料、食品辅料、营养强化剂、食品添加剂的理化性质、产品形态、产品配方及工艺条件合理设置。

产品应当进行影响因素试验、加速试验和长期试验，依据产品特性、包装和使用情况，选择性的设计其他类型试验，如开启后使用的稳定性试验等。稳定性试验报告与稳定性研究材料在产品注册申请时一并提交。

（一）试验用样品

稳定性研究用样品应在满足《特殊医学用途配方食品良好生产规范》要求及商业化生产条件下生产，产品配方、生产工艺、质量要求应与注册申请材料一致，包装材料应与拟上市产品一致。

影响因素试验、开启后使用的稳定性试验等采用一批样品进行；加速试验和长期试验分别采用三批样品进行。

（二）考察时间点和考察时间

稳定性研究目的是考察产品质量在确定的温度、湿度等条件下随时间变化的规律，因此研究中一般需要设置多个时间点考察产品的质量变化。考察时间点应基于对产品性质的认识、稳定性趋势评价的要求而设置。加速试验考察时间为产品保质期的四分之一，且不得少于 3 个月。长期试验总体考察时间应涵盖所预期的保质期，中间取样点的设置应当考虑产品的稳定性特点和产品形态特点。对某些环境因素敏感的产品，应适当增加考察时间点。

（三）考察项目、检测频率及检验方法

1. 考察项目：稳定性试验考察项目可分为物理、化学、生物学包括微生物学等方面。根据产品特点和质量控制要求，选取能灵敏反映产品稳定性的考察项目，如产品质量要求中规定的全部考察项目或在产品保质期内易于变化、可能影响产品质量、安全性、营养充足性和特殊医学用途临床效果的项目；以及依据产品形态、使用方式及贮存过程中存在的主要风险等增加的考察项目，以便客观、全面地反映产品的稳定性。

2. 检测频率：敏感性的考察项目应在每个规定的考察时间点进行检测，其他考察项目的检测频率依据被考察项目的稳定性确定，但需提供具体的检测频率及检测频率确定的试验依据或文献依据。

0月和试验结束时应对产品标准要求中规定的全部项目进行检测。

3. 检验方法：稳定性试验考察项目原则上应当采用《食品安全国家标准特殊医学用途配方食品通则》（GB29922）、《食品安全国家标准特殊医学用途婴儿配方食品通则》（GB25596）规定的检验方法。国家标准中规定了检验方法而未采用的，或者国家标准中未规定检验方法而由申请人自行提供检验方法的，应当提供检验方法来源和（或）方法学验证资料。

四、试验方法

（一）加速试验

加速试验是在高于长期贮存温度和湿度条件下，考察产品的稳定性，为配方和工艺设计、偏离实际贮存条件产品是否依旧能保持质量稳定提供依据，并初步预测产品在规定的贮存条件下的长期稳定性。加速试验条件由申请人根据产品特性、包装材料等因素确定。

如考察时间为6个月的加速试验，应对放置0、1、2、3、6月的样品进行考察，0月数据可以使用同批次样品的质量分析结果。

固态样品试验条件一般可选择温度37℃±2℃、湿度RH 75%±5%。如在6个月内样品经检测不符合产品标准要求或发生显著变化，应当选择温度30℃±2℃、湿度RH 65%±5%的试验条件同法进行6个月试验。

液态样品试验条件一般可选择温度30℃±2℃、湿度RH 60%±5%，其他要求与上述相同。

在冰箱（4~8℃）内贮存使用的样品，试验条件一般可选择温度25℃±2℃、湿度RH 60%±10%，其他要求与上述相同。

加速试验条件、考察时间等与上述规定不完全一致的，应当提供加速试验条件设置依据，考察时间确定依据及相关试验数据和科学文献依据。

（二）长期试验

长期试验是在拟定贮存条件下考察产品在运输、保存、使用过程中的稳定性，为确认贮存条件及保质期等提供依据。长期试验条件由申请人根据产品特性、包装材料等因素确定。

长期试验考察时间应与产品保质期一致，取样时间点为第一年每3个月末一次，第二年每6个月末一次，第3年每年一次。

如保质期为24个月的产品，则应对0、3、6、9、12、18、24月样品进行检测。0月数据可以使用同批次样品质量分析结果。试验条件一般应选择温度25℃±2℃、湿度RH 60%±10%；对温度敏感样品试验条件一般应选择温度6℃±2℃、湿度RH 60%±10%。

长期稳定性试验与加速试验应同时开始，申请人可在加速试验结束后提出注册申请，并承诺按规定继续完成长期稳定性试验。

长期试验条件、考察时间等与上述规定不完全一致的，应当提供长期试验条件设置依据、考察时间确定依据及相关试验数据和科学文献依据。

（三）产品使用中的稳定性试验

目的是考察产品在贮存和使用过程中可能产生的变化情况，为产品配制使用、贮存条件和配制后使用期限等参数的确定提供依据。可进行开启包装后使用的稳定性试验（包括室温贮存稳定性和冰箱冷藏稳定性等）、模拟管饲试验、产品运输试验、奶嘴试验（婴儿产品）等。提供产品贮存条件、试验方法、取样点、考察项目、考察结果及评价方法等材料。

（四）影响因素试验

试验条件由申请人根据产品特性、包装材料、贮存条件及不同的气候条件等因素综合确定。

1. 高温试验：样品置密封洁净容器中，一般可在温度60℃条件下放置10天，分别于第5天和第10天取样，检测有关项目。如样品发生显著变化，则在温度40℃下同法进行试验。

2. 高湿试验：样品置恒湿密闭容器中，一般可在温度25℃、湿度RH 90%±5%条件下放置10天，分别于第5天和第10天取样，检测有关项目，应包括吸湿增重项。若吸湿增重5%以上，则应在温度25℃、湿度RH 75%±5%条件下同法进行试验。液体制剂可不进行此项试验。

3. 光照试验：样品置光照箱或其他适宜的光照容器内，一般可在照度4500Lx±500Lx条件下放置10天，分别于第5天和第10天取样，检测有关项目。

试验条件、考察时间等与上述规定不完全一致的，应当提供试验条件设置依据、考察时间确定依据及相关试验数据和科学文献依据。

（五）稳定性承诺

1. 当申请注册的 3 个批次样品的长期稳定性数据已涵盖了建议的保质期，则无需进行稳定性承诺；如果提交的材料包含了至少 3 个批次样品的稳定性试验数据，但长期试验尚未至保质期，则应承诺继续进行研究直到建议的保质期。

2. 产品上市后的稳定性研究。在产品获准生产上市后，应采用实际生产规模的产品继续进行长期试验。根据继续进行的稳定性研究结果，对包装、贮存条件和保质期进行进一步的确认，与原注册申请材料相关内容不相符的，应当进行变更。

五、结果评价

对产品稳定性研究信息进行系统的分析，结合特殊医学用途配方食品在生产、流通过程中可能遇到的情况，确定产品的贮存条件、包装材料 / 容器和保质期等。

六、材料要求

产品注册申请时，申请人应当提交以下与稳定性研究有关的材料：

（一）试验样品的名称、规格、批次和批产量、生产日期和试验开始时间。

（二）不同种类稳定性试验条件，如温度、光照强度、相对湿度等。

（三）包装材料名称和质量要求。

（四）稳定性研究考察项目、分析方法和限度。

（五）以表格的形式提交研究获得的全部分析数据。

（六）各考察点检测结果，应以具体数值表示，其中营养成分检测结果应标示其与首次检测结果的百分比。计量单位符合我国法定计量单位的规定，不宜采用"符合要求"等表述。在某个考察点进行多次检测的，应提供所有的检测结果及其相对标准偏差（RSD）。

（七）产品在贮存期内存在的主要风险、产生风险的主要原因和表现，产品稳定性试验种类选择依据，不同种类稳定性试验条件设置、考察项目和考察频率确定依据，稳定性考察结果与产品贮存条件、保质期、包装材料及产品食用方法确定之间的关系，对试验结果进行分析并得出试验结论。

特殊医学用途配方食品临床试验质量管理规范（试行）

第一章 总 则

第一条 为规范特殊医学用途配方食品临床试验研究过程，保证临床研究结果的科学性、可靠性，保护受试者的权益并保障其安全，根据《中华人民共和国食品安全法》及其实施条例、《特殊医学用途配方食品注册管理办法》，制定本规范。

第二条 本规范是对特殊医学用途配方食品临床试验全过程的规定，包括临床试验计划制定、方案设计、组织实施、监查、记录、受试者权益和安全保障、质量控制、数据管理与统计分析、临床试验总结和报告。

第三条 特殊医学用途配方食品临床试验研究，应当依法并遵循公正、尊重人格、力求使受试者最大程度受益和尽可能避免伤害的原则。

第四条 特殊医学用途配方食品的临床试验机构应当为药物临床试验机构，具有营养科室和经过认定的与所研究的特殊医学用途配方食品相关的专业科室，具备开展特殊医学用途配方食品临床试验研究的条件。

第二章 临床试验实施条件

第五条 进行特殊医学用途配方食品临床试验必须周密考虑试验的目的及要解决的问题，整合试验用产品所有的安全性、营养充足性和特殊医学用途临床效果等相关信息，总体评估试验的获益与风险，对可能的风险制订有效的防范措施。

第六条 临床试验实施前，申请人向试验单位提供试验用产品配方组成、生产工艺、产品标准要求，以及表明产品安全性、营养充足性和特殊医学用途临床效果相关资料，提供具有法定资质的食品检验机构出具的试验用产品合格的检验报告。申请人对临床试验用产品的质量及临床试验安全负责。

第七条 临床试验配备主要研究者、研究人员、统计人员、数据管理人员及监查员。主要研究者应当具有高级专业技术职称；研究人员由与受试人群疾病相关专业的临床医师、营养医师、护士等人员组成。

第八条 申请人与主要研究者、统计人员共同商定临床试验方案、知情同意书、病例报告表等。临床试验单位制定特殊医学用途配方食品临床试验标准操作规程。

第九条 临床试验开始前，需向伦理委员会提交临床试验方案、知情同意书、病例报告表、研究者手册、招募受试者的相关材料、主要研究者履历、具有法定资质的食品检验机构出具的试验用产品合格的检验报告等资料，经审议同意并签署批准意见后方可进行临床试验。

第十条 申请人与临床试验单位管理人员就临床试验方案、试验进度、试验监查、受试者保险、与试验有关的受试者损伤的补偿或补偿原则、试验暂停和终止原则、责任归属、研究经费、知识产权界定及试验中的职责分工等达成书面协议。

第十一条 临床试验用产品由申请人提供，产品质量要求应当符合相应食品安全国家标准和（或）相关规定。

第十二条 试验用特殊医学用途配方食品由申请人按照与申请注册产品相同配方、相同生产工艺生产，生产条件应当满足《特殊医学用途配方食品良好生产规范》相关要求。用于临床试验用对照样品应当是已获批准的相同类别的特定全营养配方食品。如无该类产品，可用已获批准的全营养配方食品或相应类别的肠内营养制剂。根据产品货架期和研究周期，试验样品、对照样品可以不是同一批次产品。

第十三条 申请人与受试者、受试者家属有亲属关系或共同利益关系而有可能影响到临床试验结果的，应当遵从利益回避原则。

第三章 职责要求

第十四条 申请人选择临床试验单位和研究者进行临床试验，制定质量控制和质量保证措施，选定监查员对临床试验的全过程进行监查，保证临床试验按照已经批准的方案进行，与研究者对发生的不良事件采取有效措施以保证受试者的权益和安全。

第十五条 临床试验单位负责临床试验的实施。参加试验的所有人员必须接受并通过本规范相关培训且有培训记录。

第十六条 伦理委员会对临床试验项目的科学性、伦理合理性进行审查，重点审查试验方案的设计与实施、试验的风险与受益、受试者的招募、知情同意书告知的信息、知情同意过程、受试者的安全保护、隐私和保密、利益冲突等。

第十七条 研究者熟悉试验方案内容，保证严格按照方案实施临床试验。向参加临床试验的所有人员说明有关试验的资料、规定和职责；向受试者说明伦理委员会同意的审查意见、有关试验过程，并取得知情同意书。对试验期间出现不良事件及时作出相关的医疗决定，保证受试者得到适当的治疗。确保收集的数据真实、准确、完整、及时。临床试验完成后提交临床试验总结报告。

第十八条 临床试验期间，监查员定期到试验单位监查并向申请人报告试验进行情况；保证受试者选择、试验用产品使用和保存、数据记录和管理、不良事件记录等按照临床试验方案和标准操作规程进行。

第十九条 国家食品药品监督管理总局审评机构组织对临床试验现场进行核查、数据溯源，必要时进行数据复查。

第四章　受试者权益保障

第二十条　申请人制定临床试验质量控制和质量保证措施。临床试验开始前必须对临床试验实施过程中可能的风险因素进行科学的评估，并制订风险控制计划和预警方案，试验过程中应采取有效的风险控制措施。

第二十一条　伦理委员会对提交的资料进行审查，批准后方可进行临床试验。临床试验进行过程中对批准的临床试验进行跟踪审查。临床试验方案的修订、知情同意书的更新等在修订报告中写明，提交伦理委员会重新批准，重大修订需再次获得受试者知情同意。

第二十二条　临床试验过程中应保持与受试者的良好沟通，以提高受试者的依从性。参与临床试验的研究者及试验单位保证受试者在试验期间出现不良事件时得到及时适当的治疗和处置；发生严重不良事件采取必要的紧急措施，以确保受试者安全。所有不良事件的名称、例次、治疗措施、转归及与试验用产品的关联性等应详细记录并分析。

第二十三条　发生严重不良事件应在确认后 24 小时内由研究者向负责及参加临床试验单位的伦理委员会、申请人报告，同时向涉及同一临床试验的其他研究者通报。

第二十四条　研究者向受试者说明经伦理委员会批准的有关试验目的、试验用产品安全性、营养充足性和特殊医学用途临床效果有关情况、试验过程、预期可能的受益、风险和不便、受试者权益保障措施、造成健康损害时的处理或补偿等。

第二十五条　受试者经充分了解试验的相关情况后，在知情同意书上签字并注明日期、联系方式，执行知情同意过程的研究者也需在知情同意书上签署姓名和日期。对符合条件的无行为能力的受试者，应经其法定监护人同意并签名及注明日期、联系方式。

知情同意书一式两份，分别由受试者及试验机构保存。

第二十六条　受试者自愿参加试验，无需任何理由有权在试验的任何阶段退出试验，且其医疗待遇与权益不受影响。

第二十七条　受试者发生与试验相关的损害时 (医疗事故除外)，将获得治疗和 (或)相应的补偿，费用由申请人承担。

第二十八条　受试者参加试验及在试验中的个人资料均应保密。食品药品监督管理部门、伦理委员会、研究者和申请人可按规定查阅试验的相关资料。

第五章　临床试验方案内容

第二十九条　临床试验方案包括以下内容：

（一）临床试验方案基本信息，包括试验用产品名称、申请人名称和地址，主要研究者、监查员、数据管理和统计人员、申办方联系人的姓名、地址、联系方式，参加临床试验单位及参加科室，数据管理和统计单位，临床试验组长单位。

（二）临床试验概述，包括试验用产品研发背景、研究依据及合理性、产品适用人群、预期的安全性、营养充足性和特殊医学用途临床效果、本试验研究目的等。

（三）临床试验设计。根据试验用产品特性，选择适宜的临床试验设计，提供与试验目的有关的试验设计和对照组设置的合理性依据。原则上应采用随机对照试验，如采用其他试验设计的，需提供无法实施随机对照试验的原因、该试验设计的科学程度和研究控制条件等依据。

随机对照试验可采用盲法或开放设计，提供采用不同设盲方法的理由及相应的控制偏倚措施。编盲、破盲和揭盲应明确时间点及具体操作方法，并有相应的记录文件。

（四）试验用产品描述，包括产品名称、类别、产品形态、包装剂量、配方、能量密度、能量分布、营养成分含量、使用说明、产品标准、保质期、生产厂商等信息。

（五）提供对照样品的选择依据。说明其与试验用特殊医学用途配方食品在安全性、营养充足性、特殊医学用途临床效果和适用人群等方面的可比性。试验组和对照组受试者的能量应当相同、氮量和主要营养成分摄入量应当具有可比性。

（六）试验用产品的接收与登记、递送、分发、回收及贮存条件。

（七）受试者选择。包括试验用产品适用人群、受试者的入选、排除和剔除标准、研究例数等。研究例数应当符合统计学要求。为保证有足够的研究例数对试验用产品进行安全性评估，试验组不少于 100 例。受试者入选时，应充分考虑试验组和对照组受试期间临床治疗用药在品种、用法和用量等方面应具有可比性。

（八）试验用产品给予时机、摄入途径、食用量和观察时间。依据研究目的和拟考察的主要实验室检测指标的生物学特性合理设置观察时间，原则上不少于 7 天，且营养充足性和特殊医学用途临床效果观察指标应有临床意义并能满足统计学要求。

（九）生物样本采集时间，临床试验观察指标、检测方法、判定标准及判定标准的出处或制定依据，预期结果判定等。

（十）临床试验观察指标包括安全性（耐受性）指标及营养充足性和特殊医学用途临床效果观察指标：

安全性（耐受性）指标：如胃肠道反应等指标、生命体征指标、血常规、尿常规、血生化指标等。

营养充足性和特殊医学用途临床效果观察指标：保证适用人群维持基本生理功能的营养需求，维持或改善适用人群营养状况，控制或缓解适用人群特殊疾病状态的指标。

（十一）不良事件控制措施和评价方法，暂停或终止临床试验的标准及规定。

（十二）临床试验管理。包括标准操作规程、人员培训、监查、质量控制与质量保证的措施、风险管理、受试者权益与保障、试验用产品管理、数据管理和统计学分析。

（十三）试验期间其他注意事项等。

（十四）缩略语。

（十五）参考文献。

第六章　试验用产品管理

第三十条　试验用产品应有专人管理，使用由研究者负责。接收、发放、使用、回收、销毁均应记录。

第三十一条　试验用产品的标签应标明"仅供临床试验使用"。临床试验用产品不得他用、销售或变相销售。

第七章　质量保证和风险管理

第三十二条　申请人及研究者履行各自职责，采用标准操作规程，严格遵循临床试验方案。

第三十三条　参加试验的研究人员应具有合格的资质。研究人员如有变动，所在试验机构及时调配具备相应资质人员，并将调整的人员情况报告申请人及试验主要研究者。

第三十四条　伦理委员会要求申请人或研究者提供试验用产品临床试验的不良事件、治疗措施及受试者转归等相关信息。为避免对受试者造成伤害，伦理委员会有权暂停或终止已经批准的临床试验。

第三十五条　进行多中心临床试验的，统一培训内容，临床试验开始之前对所有参与临床试验研究人员进行培训。统一临床试验方案、资料收集和评价方法，集中管理与分析数据资料。主要观察指标由中心实验室统一检测或各个实验室检测前进行校正。临床试验病例分布应科学合理，防止偏倚。

第三十六条　试验期间监查员定期进行核查，确保试验过程符合研究方案和标准操作规程要求。确认所有病例报告表填写正确完整，与原始资料一致。核实临床试验中所有观察结果，以保证数据完整、准确、真实、可靠。如有错误和遗漏，及时要求研究者改正，修改时需保持原有记录清晰可见，改正处需经研究者签名并注明日期。核查过程中发现问题及时解决。监查员不得参与临床试验。

第三十七条　组长单位定期了解参与试验单位试验进度，必要时召开临床协作会议，解决试验存在的问题。

第八章　数据管理与统计分析

第三十八条　数据管理过程包括病例报告表设计、填写和注释，数据库设计，数据接收、录入和核查，疑问表管理，数据更改存档，数据盲态审核，数据库锁定、转换和保存等。由申请人、研究者、监查员以及数据管理员等各司其职，共同对临床试验数据的可靠性、完整性和准确性负责。

第三十九条　数据的收集和传送可采用纸质病例报告表、电子数据采集系统以及用于临床试验数据管理的计算机系统等。资料的形式和内容必须与研究方案完全一致，且在临床试验前确定。

第四十条 数据管理执行标准操作规程，并在完整、可靠的临床试验数据质量管理体系下运行，对可能影响数据质量结果的各种因素和环节进行全面控制和管理，使临床研究数据始终保持在可控和可靠的水平。数据管理系统应经过基于风险考虑的系统验证，具备可靠性、数据可溯源性及完善的权限管理功能。

临床试验结束后，需将数据管理计划、数据管理报告、数据库作为注册申请材料之一提交给管理部门。

第四十一条 采用正确、规范的统计分析方法和统计图表表达统计分析和结果。临床试验方案中需制定统计分析计划，在数据锁定和揭盲之前产生专门的文件对统计分析计划予以完善和确认，内容应包括设计和比较的类型、随机化与盲法、主要观察指标的定义与检测方法、检验假设、数据分析集的定义、疗效及安全性评价和统计分析的详细内容，其内容应与方案相关内容一致。如果试验过程中研究方案有调整，则统计分析计划也应作相应的调整。

第四十二条 由专业人员对试验数据进行统计分析后形成统计分析报告，作为撰写临床研究报告的依据，并与统计分析计划一并作为产品注册申请材料提交。统计分析需采用国内外公认的统计软件和分析方法，主要观察指标的统计结果需采用点估计及可信区间方法进行评价，针对观察指标结果，给出统计学结论。

第九章 临床试验总结报告内容

第四十三条 临床试验总结报告包括基本信息、临床试验概述和报告正文，内容与临床试验方案一致。

第四十四条 基本信息补充试验报告撰写人员的姓名、单位、研究起止日期、报告日期、原始资料保存地点等。临床试验概述补充重要的研究数字、统计学结果以及研究结论等文字描述。

第四十五条 报告正文对临床试验方案实施结果进行总结。详细描述试验设计和试验过程，包括纳入的受试人群，脱落、剔除的病例和理由；临床试验单位增减或更换情况；试验用产品使用方法；数据管理过程；统计分析方法；对试验的统计分析和临床意义；对试验用产品的安全性、营养充足性和特殊医学用途临床效果进行充分的分析和说明，并做出临床试验结论。

第四十六条 简述试验过程中出现的不良事件。对所有不良事件均应进行分析，并以适当的图表方式直观表示。所列图表应显示不良事件的名称、例次、严重程度、治疗措施、受试者转归，以及不良事件与试验用产品之间在适用人群选择、给予时机、摄入途径、剂量和观察时间等方面的相关性。

第四十七条 严重不良事件应单独进行总结和分析并附病例报告。对与安全性有关的实验室检查，包括根据专业判断有临床意义的实验室检查异常应加以分析说明，最终对试验用特殊医学用途配方食品的总体安全性进行小结。

第四十八条 说明受试者基础治疗方法，临床试验方案在执行过程中所作的修订或调整。

第十章 其 他

第四十九条 临床试验总结报告首页由所有参与试验单位盖章，相关资料由申请人和临床试验单位盖章，或由申请人和主要研究者签署确认。

第五十条 为保护受试者隐私，病例报告表上不应出现受试者姓名，研究者应按受试者姓名的拼音字头及随机号确认其身份并记录。

第五十一条 产品注册申请时，申请人提交临床试验相关资料，包括国内／外临床试验资料综述、合格的试验用产品检验报告、临床试验方案、研究者手册、伦理委员会批准文件、知情同意书模板、数据管理计划及报告、统计分析计划及报告、锁定数据库光盘（一式两份）、临床试验总结报告。

第十一章 附 则

第五十二条 本规范下列用语的含义是：

临床试验（Clinical Trial），指任何在人体（病人或健康志愿者）进行特殊医学用途配方食品的系统性研究，以证实或揭示试验用特殊医学用途配方食品的安全性、营养充足性和特殊医学用途临床效果，目的是确定试验用特殊医学用途配方食品的营养作用与安全性。

试验方案（Research Protocol），叙述研究的依据及合理性、产品试验目的、适用人群、试验设计、受试者选择及排除标准、观察指标、试验期限、数据管理与统计分析、试验报告及试验用产品安全性、营养充足性和特殊医学用途临床效果。方案必须由参加试验的主要研究者、研究单位和申请人签章并注明日期。

研究者手册（Investigator's Brochure），是有关试验用特殊医学用途配方食品在进行人体研究时已有的临床与非临床研究资料综述。

知情同意（Informed Consent），指向受试者告知一项试验的各方面情况后，受试者自愿确认其同意参加该项临床试验的过程，须以签名和注明日期的知情同意书作为文件证明。

知情同意书（Informed Consent Form），是每位受试者表示自愿参加某一试验的文件证明。研究者需向受试者说明试验性质、试验目的、可能的受益和风险、可供选用的其他治疗方法以及符合《赫尔辛基宣言》规定的受试者的权利和义务等，使受试者充分了解后表达其同意。

伦理委员会（Ethics Committee），由医学专业人员、非医务人员、法律专家及试验机构外人员组成的独立组织，其职责为核查临床试验方案及附件是否合乎道德，并为之提供公众保证，确保受试者的安全、健康和权益受到保护。该委员会的组成和一切活动不应受临床试验组织和实施者的干扰或影响。

研究者（Investigator），实施临床试验并对临床试验的质量及受试者安全和权益的负责者。研究者必须经过资格审查，具有临床试验的专业特长、资格和能力。

申请人（Applicant），发起一项临床试验，并对该试验的启动、管理、财务和监查负责的公司、机构或组织。

监查员（Monitor），由申请人任命并对申请人负责的具备相关知识的人员。其任务是监查和报告试验的进行情况和核实数据。

病例报告表（Case Report Form, CRFs），指按研究方案所规定设计的一种文件，用以记录每一名受试者在试验过程中的数据。

试验用产品（Investigational Product），用于临床试验中的试验用特殊医学用途配方食品和试验用对照产品。

不良事件（Adverse Event），临床试验受试者接受试验用产品后出现的不良反应，但并不一定有因果关系。

严重不良事件（Serious Adverse Event），临床试验过程中发生需住院治疗、延长住院时间、伤残、影响工作能力、危及生命或死亡、导致先天畸形等事件。

标准操作规程（Standard Operating Procedure，SOP），为有效地实施和完成某一临床试验中每项工作所拟定的标准和详细的书面规程。

设盲（Blinding/Masking），临床试验中使一方或多方不知道受试者治疗分配的程序。单盲指受试者不知，双盲指受试者、研究者、监查员或数据分析者均不知治疗分配。

统计分析计划（Statistical Analysis Plan，SAP），是包括比方案中描述的主要分析特征更加技术性和更多详细细节的文件，并且包括了对主要和次要变量及其他数据进行统计分析的详细过程。统计分析计划由生物统计学专业人员起草，并与主要研究者商定。统计分析计划还应包括具体的表格，统计分析报告中的表格应与SAP中的表格一致。

第五十三条　本规范由国家食品药品监督管理总局负责解释。

第五十四条　本规范自发布之日起施行。

特殊医学用途配方食品注册生产企业现场核查要点及判断原则（试行）

序号	核查项目	对应要求	核查内容	核查结果	核查结论	核查记录
1	*生产企业资质	申请人应当为拟在我国境内生产销售特殊医学用途配方食品的生产企业和拟向我国境内出口特殊医学用途配方食品的境外生产企业。	1.境内生产企业：核查申请人主体登记证明文件；2.境外生产企业：核查申请人主体登记证明文件、允许产品上市销售的证明文件，如产品未上市销售，可不核查。	1.申请人相关资质符合要求（或）允许产品上市销售的证明文件载明的信息与注册申请材料相关内容一致。 1.申请人相关资质不符合要求（或）允许产品上市销售的证明文件和产品上市销售的证明文件载明的信息与注册申请材料相关内容不一致。	□符合 □不符合	

续　表

序号	核查项目	对应要求	核查内容	核查结果	核查结论	核查记录
2	*研发能力	申请人具备与所生产的特殊医学用途配方食品相适应的研发能力,设立研发机构,配备专职的具有职称或者相应专业能力的研发人员。	1.核查申请人研发场所、配备的设施、设备、检验仪器;2.核查是否有专职研发人员,人员资质、数量是否相适应;3.是否有文件明确规定研发机构职责、权限等。	1.申请人设立研发机构;2.有与产品研发相适应的设施、设备和检验仪器;3.配备专职的有食品、药品、营养学等相关专业能力的研发人员,人员数量与产品研发相适应;4.有文件明确规定研发机构职责、权限。 1.申请人未设立研发机构;2.研发场所或配备的设施、设备和检验仪器不能满足产品研发需要;3.无专职研发人员或人员资质、数量不能满足产品研发需要;4.无文件规定研发机构的职责和权限或职责权限规定不明确。	□符合 □不符合	

序号	核查项目	对应要求	核查内容	核查结果	核查结论	核查记录
3	研发材料	有与产品研发相关的文件和原始记录。	查看与产品研发相关的文件和原始记录，如产品配方设计、质量控制、生产工艺、稳定性试验研究材料等。	1.有与产品研发相关的文件和原始记录，文件和原始记录相关内容一致；2.研发与注册申请材料相关内容完整，原始记录完整、可追溯。	□符合	
				1.产品研发材料与注册申请材料相关内容基本一致；2.研发相关文件和原始记录不完整，有部分缺失。	□基本符合	
				1.产品研发材料与注册申请材料相关内容不一致；2.研发相关文件和原始记录系统性缺失或不可追溯；3.无研发相关文件和（或）原始记录。	□不符合	
4	*生产质量管理体系建立	生产企业按照良好生产规范要求建立与所生产食品相适应的生产质量管理体系。	查看生产企业相关资质证明文件等，核实生产企业是否按照良好生产规范要求建立与所生产产品相适应的生产质量管理体系。	生产企业按照良好生产规范要求建立与所生产产品相适应的生产质量管理体系。	□符合	
				生产企业未按照良好生产规范要求建立与所生产产品相适应的生产质量管理体系。	□不符合	

序号	核查项目	对应要求	核查内容	核查结果	核查结论	核查记录
5	生产人员	生产企业应配备专职的食品安全管理人员和食品安全专业技术人员,人员资质符合岗位要求,人员数量满足生产需要;配备一定数量的生产操作人员,经培训合格后上岗。	1.查看生产企业组织机构图,人员花名册等,核实生产企业是否配备专职的食品安全管理人员、食品安全专业技术人员和生产操作人员,人员资质是否符合岗位要求,人员数量能否满足生产需要。2.查看培训计划和培训签到表,确认生产操作人员经过培训后上岗。	1.生产企业配备专职的食品安全管理人员、食品安全专业技术人员,人员资质和数量符合要求;2.生产操作人员经过培训后上岗。	□符合	
				1.食品安全管理人员、食品安全专业技术人员和生产操作人员资质和数量基本符合要求;2.部分生产操作人员未经培训后上岗。	□基本符合	
				1.生产企业未配备专职的食品安全管理人员或食品安全专业技术人员;2.食品安全专业技术人员或生产操作人员资质和(或)数量不能满足生产需要;3.生产操作人员未经培训后上岗。	□不符合	

序号	核查项目	对应要求	核查内容	核查结果	核查结论	核查记录
6	*生产条件	生产企业的生产车间、生产设施和设备应当满足生产要求；存在引起食物蛋白过敏等食品安全风险的产品，不得与非特殊医学用途配方食品共线生产。	1.现场查看生产车间、生产设施和设备是否满足生产要求；2.查看是否建立制度及存在引起食物蛋白过敏等食品安全风险的产品不得与非特殊医学用途配方食品共线生产、记录、批生产记录、出入库台账等，核查是否有存在引起食物蛋白过敏等食品安全风险的产品与非特殊医学用途配方食品共线生产的情况。	1.生产企业的生产车间、生产设施和设备能满足生产要求；2.建立制度规定存在引起食物蛋白过敏等食品安全风险的产品不得与非特殊医学用途配方食品共线生产，批生产记录、出入库台账等证明不存在引起食物蛋白过敏等食品安全风险的产品与非特殊医学用途配方食品共线生产。	□符合	
				1.生产企业的生产车间、生产设施和设备不能满足生产要求；2.未建立制度规定存在引起食物蛋白过敏等食品安全风险的产品不得与非特殊医学用途配方食品共线生产，批生产记录、出入库台账等证明有存在引起食物蛋白过敏等食品安全风险的产品与非特殊医学用途配方食品共线生产情况。	□不符合	

特殊医学用途配方食品注册生产企业现场核查要点及判断原则（试行）

续 表

序号	核查项目	对应要求	核查内容	核查结果	核查结论	核查记录
7	生产区域划分	根据生产需要划分生产区域，设置洁净区级别。	1.现场确认是否根据物料特性、生产工序和设备等因素划分不同的生产区域；2.各生产区域洁净级别设置是否合理，能否满足不同工序生产要求。	1.根据生产需要划分生产区域；2.各生产区域洁净级别设置合理，有有效的隔离措施并满足不同工序生产要求。	□符合	
				1.生产区域划分不尽合理但基本满足生产要求；2.各生产区域洁净级别基本满足不同工序生产要求。	□基本符合	
				1.清洁作业区、准清洁作业区和一般作业区划分不合理；2.无有效的隔离措施，存在交叉污染风险；3.洁净级别设置不合理和（或）不能满足不同工序生产要求。	□不符合	

序号	核查项目	对应要求	核查内容	核查结果	核查结论	核查记录
8	洁净作业区要求	1.洁净作业区应当安装空气净化系统，系统运行正常，进入洁净区的空气必须经过净化；2.有文件规定对空气净化系统运行情况及空气质量情况进行监测并定期进行检验；3.有监测和检验记录；4.温度、尘埃粒子、微生物、压差、湿度、换气次数、送风量等数据应符合要求。	1.核查洁净作业区是否安装空气净化系统、系统运行是否正常；2.是否有文件规定应当对空气净化系统运行情况、空气质量情况及情况进行检验；3.是否有监测、检验、温度、压差、尘埃粒子、湿度、微生物等监测数据是否符合要求；5.洁净区是否有定期的洁净区空气质量检验报告，报告中数据是否符合要求。	1.洁净作业区安装了空气净化系统，系统运行正常；2.有文件规定对空气净化系统运行情况及空气质量情况进行监测和定期检验，并按规定执行；3.相关记录完整规范；4.压差、温度、湿度、尘埃粒子、微生物等监测数据符合规定；5.有定期的洁净区空气质量检验报告，报告中数据符合要求。	□符合	
				1.执行文件规定但执行中有缺陷；2.相关记录不完善；3.温度、湿度、压差、尘埃粒子、微生物等数据基本符合要求；4.洁净区空气质量检验报告中检验数据基本符合要求。	□基本符合	

续　表

序号	核查项目	对应要求	核查内容	核查结果	核查结论	核查记录
				1.洁净作业区没有安装空气净化系统或系统运行不正常；2.没有文件规定对空气净化系统运行情况和（或）洁净区空气质量情况进行监测和定期检验，或有规定但未按规定执行；3.无相关记录或记录系统性缺失；4.温度、湿度、压差、尘埃粒子、微生物等监测数据有一项或一项以上不符合要求；5.无洁净区空气质量检验报告或检验报告中数据不符合要求。	□不符合	

序号	核查项目	对应要求	核查内容	核查结果	核查结论	核查记录
9	生产设备	生产企业应配备符合产品特性并能满足的产品要求的生产设备；设备设计、安装、运行和性能经过确认，审核经过设备确认记录。	1.查看生产车间，核实配备的生产设备符合产品特性并能满足产品生产要求；2.查看生产设备布局是否合理；3.查看有设备运行状态标识；4.查看是否有与申请注册产品生产相关的设备使用有文件规定是否设计、安装、运行和性能应当经过确认，确认方案是否经过审核、批准；6.是否有设备确认记录，记录是否完整。	1.生产企业配备符合产品特性并能满足产品生产要求的生产设备；2.设备布局合理；3.有设备运行状态标识；4.有与产品生产相关的设备使用记录，记录完整且与申报产品相关内容一致；5.设备设计、安装、运行和性能经过审核、批准；6.有设备确认记录，记录完整。	□符合	

特殊医学用途配方食品注册生产企业现场核查要点及判断原则（试行）

续 表

序号	核查项目	对应要求	核查内容	核查结果	核查结论	核查记录
				1.生产企业配备的生产设备基本满足产品生产要求；2.设备布局有局有缺陷；3.设备使用记录不规范；4.设备运行状态标识有缺陷。	□基本符合	
				1.生产企业配备的生产设备不能满足产品生产要求；2.设备布局有局不符合生产要求；3.无设备运行状态标识或状态标识的定义不明确；4.无与申报产品生产相关的设备使用记录或记录与申报产品相关内容不一致；5.未建立文件规定设备设计、安装、运行和性能能应当经过确认；6.设备设计、安装、运行和性能能未全部经过确认或或确认方案没有经过审核、批准；7.无设备确认记录。	□不符合	

序号	核查项目	对应要求	核查内容	核查结果	核查结论	核查记录
10	物料采购管理、供应商审计、确定和变更	生产企业应当建立物料采购管理制度，规定物料从符合规定的供应商购进，物料采购应当有记录。对关键供应商应当进行审计，供应商确定和变更应当进行评估。	1.查看生产企业是否建立物料采购管理制度；2.查看与物料相关品相关样供应商相关资质证明文件等，确认物料采购自合格的供应商，有物料采购记录；3.查看是否有合格供应商名录及关键供应商审计记录；4.查看是否有物料供应商的确定及变更的管理规定，5.抽查主要物料供应商是否符合上述规定。	1.生产企业建立了物料采购管理制度；2.与物料相关品相关样供应商购进物料从符合规定的供应商购进，有物料采购记录；3.有合格供应商名录及关键供应商审计记录；4.建立了供应商确定及变更的管理规定；5.主要物料采购符合上述要求。	□符合	
				1.物料采购管理制度不完善或执行有缺陷；2.供应商名录及关键供应商审计记录不规范；3.供应商有效评估未进行或部分符合要求；4.主要物料供应商的确定基本符合要求；5.与主要物料相关的确定及变更未完善。	□基本符合	
				1.生产企业没有建立物料采购管理制度；2.部分与试制样供应商相关不符合规定，没有采购记录或物料不符合规定；3.无供应商名录、4.关键供应商审计记录；5.供应商确定及变更未进行评估；6.主要供应商的确定不符合要求。	□不符合	

续　表

序号	核查项目	对应要求	核查内容	核查结果	核查结论	核查记录
11	物料验收	生产企业应当建立物料验收制度，规定物料采购后应当进行验收。从国内购进的物料应有出厂检验的报告书和/或有资质的第三方检验机构出具的全项目检验报告；从国外产地进的物料有原产地证明、检验报告及通关等记录。物料验收应当有记录。	1.查看生产企业是否建立物料验收制度；2.查看物料验收材料是否符合要求；3.查看是否有与试制样品相关的物料验收记录。	1.生产企业建立物料验收制度；2.与试制样品相关的物料验收材料齐全并符合要求；3.有与试制样品相关的物料验收记录。	□符合	
				与试制样品相关的物料验收材料基本齐全但记录不完善。	□基本符合	
				1.生产企业未建立物料验收制度或不按规定执行；2.与试制样品相关的物料验收材料不符合要求；3.无与试制样品相关的物料验收记录。	□不符合	
12	物料检验放行	物料有内控标准，生产企业按内控标准对物料进行检验，合格后使用。有能准确反映物料数量变化及去向的相关记录。	1.查看与试制样品相关的物料是否均有内控标准，是否按内控标准进行检验，合格后使用；2.查看出入库合账等，确认与试制样品相关的物料发放有记录且记录及时完善。	1.与试制样品相关的物料均有内控标准；2.与试制样品相关的物料均按内控标准进行检验，合格后使用；3.有与试制样品相关的物料发放记录，记录完善。	□符合	
				1.与试制样品相关的物料均有内控标准但未完全按规定进行检验；2.与试制样品相关的物料发放有记录但记录不及时不完善。	□基本符合	

序号	核查项目	对应要求	核查内容	核查结果	核查结论	核查记录
				1.部分与试制样品相关的物料没有内控标准；2.物料有内控标准但部分与试制样品相关的物料未按规定经检验合格后使用；3.没有与试制样品相关的物料发放记录或记录不符合要求。	□不符合	
13	物料贮存	物料贮存区有与生产规模相适应的面积和空间；物料有标识并按品种、规格、批号等分别存放，能够避免差错、混淆和交叉污染，特殊物料按规定贮存条件贮存。	1.查看生产企业是否有与生产规模相适应的贮存面积和空间；2.查看贮存区是否有分区、分区设置是否合理；3.查看物料是否按照品种、规格、批次等分类存放；4.查看物料有标识、标识内容是否齐全；5.查看物料是否按照规定条件贮存。	1.贮存区有与生产规模相适应的面积和空间；2.贮存区有分区且分区设置合理；3.物料有标识目标识完整规范；4.所有物料按规定条件存放和贮存。	□符合	
				1.贮存区面积和空间基本与生产规模相适应；2.分区不尽合理；3.物料未完全按照品种、规格、批次等分类存放；4.物料标识不规范但能对物料进行有效辨识；5 物料未完全按照规定条件贮存。	□基本符合	

续 表

序号	核查项目	对应要求	核查内容	核查结果	核查结论	核查记录
				1.贮存区面积和空间与生产规模不相适应;2.贮存区未设置分区;3.物料标识不能对物料进行有效辨识;4.物料存放混乱易混淆;5.特殊物料未按规定条件存放或贮存。	□不符合	
14	*生产用水	生产用水不低于生活饮用水卫生标准;与产品直接接触的生产用水采用去离子法或反渗透法或其他适当加工方法制得,应符合纯化水卫生标准。	1.查看生产用水和与产品直接接触的生产用水是否符合相应要求;2.查看与产品直接接触的生产用水制备方法是否符合要求。	1.生产用水及直接接触产品的生产用水符合相应要求;2.直接接触产品的生产用水制备方法符合要求。	□符合	
				1.生产用水和(或)直接接触产品的生产用水不符合相应要求;2.直接接触产品的生产用水制备方法不符合要求。	□不符合	

序号	核查项目	对应要求	核查内容	核查结果	核查结论	核查记录
15	生产操作规程	生产企业建立的生产管理文件规定了产品生产工艺规程，内容包括：产品名称、产品形态、产品配方、确定的批量、生产工艺操作要求，物料、中间产品、成品的质量标准和技术参数及贮存注意事项、物料平衡的计算方法、成品容器、包装材料的要求等。	1.查看生产企业建立的生产管理文件是否规定了产品生产工艺规程；2.工艺规程是否为现行版本；3.工艺规程中产品配方、生产工艺等相关内容是否与注册申请材料一致；4.工艺规程是否规定了各关键工序的收率计算公式及单位换算说明；5.工艺规程是否包括了包装工序在内的物料平衡计算方法，物料平衡概念和收率概念是否混清等。	1.生产企业建立的生产管理文件规定了产品生产工艺规程；2.工艺规程中产品配方、生产工艺等为现行版本；3.工艺规程中产品配方、生产工艺等内容与注册申请材料一致；4.工艺规程规定了各关键工序的收率计算公式及单位换算说明；5.工艺规程规定了包装工序在内的物料平衡计算方法，物料平衡概念和收率概念无混清。	□符合	
				1.工艺规程中产品配方、生产工艺等相关内容完善，生产工艺等基本一致但不完善；2.生产工艺等相关内容全面但部分内容有待完善。	□基本符合	
				1.生产管理文件未规定产品生产工艺规程；2.工艺规程不是现行版本；3.工艺规程中产品配方、生产工艺等相关内容与注册申请材料不一致；4.未规定各关键工序的收率计算方法；5.包装工序在内的物料平衡概念和收率概念不清楚。	□不符合	

序号	核查项目	对应要求	核查内容	核查结果	核查结论	核查记录
16	物料称量	生产企业应当建立双人复核制度，规定物料经过信息核对后称量。物料信息核对和称量环节应当经过复核确认并有记录。	1.查看生产企业是否建立双人复核制度；2.查看与试制样品相关的记录，确认物料经信息核对后称量，物料信息核对和称量环节是否经过复核确认；3.查看是否有相关记录。	1.生产企业建立双人复核制度；2.与试制样品相关的物料在信息核对后称量，信息核对和称量环节经过复核确认；3.有相关记录，记录完善。	□符合	
				1.物料信息核对记录不完善；2.物料称量记录不完善。	□基本符合	
				1.生产企业没有建立双人复核制度；2.物料信息核对环节没有经过复核确认；3.物料称量环节没有经过复核确认；4.没有相关记录或记录不符合要求。	□不符合	

序号	核查项目	对应要求	核查内容	核查结果	核查结论	核查记录
17	投料和生产	投料前应核对食品原料、食品添加剂种类、投料量等信息,确保按规定配方进行投料,并按生产工艺规程进行生产。投料和生产过程应有复核并记录。	1.查看与试制样品相关的生产工艺规程、批生产记录等,确认投料与注册申请材料中产品配方要求一致;2.确认生产过程与注册申请材料中生产工艺一致;3.确认投料经过复核,生产过程经过复核;4.投料、生产过程均有记录,记录完善。	1.试制样品投料与注册申请材料中产品配方要求一致;2.试制样品按注册申请材料中生产工艺进行生产;3.投料和生产过程经过复核确认;4.投料、生产过程均有记录,记录完善。	□符合	
				1.试制样品投料与注册申请材料记录不完善;2.试制样品生产过程记录不完善。	□基本符合	
				1.试制样品投料与注册申请材料中产品配方要求不一致;2.试制样品未按注册申请材料中生产工艺进行生产;3.投料没有经过复核确认;4.生产过程没有经过复核确认;5.无投料记录;6.无生产过程记录。	□不符合	

续　表

序号	核查项目	对应要求	核查内容	核查结果	核查结论	核查记录
18	物料平衡检查	生产企业应当建立物料平衡检查制度，产品应按产量和数量进行物料平衡检查。如有显著差异，应查明原因，在得出合理解释、确认无潜在质量事故之前，方可按正常产品处理。	1.核查生产企业是否建立物料平衡检查制度；2.与试制样品相关的物料是否经过物料平衡检查，平衡确认是否经质量管理部门或车间主管人员审核核查；3.与试制样品相关的物料平衡超出规定限度时是否按规定进行分析处理并有相关记录。	1.生产企业建立了物料平衡检查制度；2.与试制样品相关的物料经过物料平衡检查，平衡确认经质量管理部门或车间主管人员审核；3.与试制样品相关的物料在平衡超出规定限度时按规定进行分析处理并有相关记录、记录完善。	□符合	
				1.物料平衡检查制度有待完善；2.与试制样品相关的物料平衡检查记录不完善，或物料平衡确认未经质量管理部门或车间主管人员审核。	□基本符合	
				1.生产企业没有建立物料平衡检查制度；2.与试制样品相关的物料没有经过物料平衡检查；3.与试制样品相关的物料在平衡超出规定限度时未按规定进行分析处理。	□不符合	

序号	核查项目	对应要求	核查内容	核查结果	核查结论	核查记录
19	清场	每批产品的每一生产阶段完成后应当清场，填写清场记录。清场结束后，应当由不同品种、规格，等经检查设备、厂房、容器等经过有效清洁，确保产品切换不对下一批产品产生交叉污染。	1.检查生产企业是否建立清场管理规程；2.生产后是否有清场操作记录并经检查确认；3.现场检查生产车间状态，查看设备是否清洁，有无遗留与下次生产无关的物品等；4.检查无清场状态标识，标识是否明确；5.存在不同品种产品在同一条生产线上生产情况的，检查是否有设备、厂房、容器等清洗验证方案及报告；容器等清洗。	1.企业建立了清场管理规程；2.每批产品的每一生产阶段完成后经均有清场记录，记录合格并经清场完善验证；4.生产车间设备清洁，无遗留与下次生产无关的物品；5.存在不同品种产品在同一条生产线上生产的，有设备、厂房、容器等清洗验证方案并进行有效清洁，清洗验证报告和记录能够证明可以有效防止交叉污染。	□符合	
				1.建立清场管理规程但执行有缺陷；2.清场状态标识不明确；3.清场记录不完善。	□基本符合	
				1.企业未建立清场管理规程；2.批生产记录中一批次或以上产品没有清场记录；3.清场不彻底，遗留没有与下次生产无关的物品；4.无清场记录；5.无清场合格凭证；6.存在不同品种产品在同一条生产线上生产情况的，没有设备、厂房、容器等清洗验证方案和（或）报告或未严格执行；7.清洗验证方案、报告或记录不能证明可以有效防止交叉污染。	□不符合	

续　表

序号	核查项目	对应要求	核查内容	核查结果	核查结论	核查记录
20	批生产记录	每批试制样品均有批生产记录，详细记录并生产过程可追溯。批生产记录应包括：产品名称、规格、生产批号、生产日期、操作者、复核者、有关操作与生产设备名称、相关生产阶段的产品数量、物料平衡的计算方法，生产过程的控制记录及特殊问题记录等。	1. 查看每个批次试制样品是否均有批生产记录；2. 批生产记录内容是否能够追溯到该批产品的生产历史以及质量有关的所有情况；3. 批生产记录是否包含了关键生产步骤的描述和记录；4. 批生产记录内容是否与注册申请材料相关内容一致。	1. 每个批次试制样品均有批生产记录；2. 批生产记录内容全面，能反映出该批产品的生产和质量有关的所有情况；3. 包含了关键生产步骤的描述和记录；4. 批生产记录可追溯；5. 批生产记录内容与注册申请材料相关内容一致。	□符合	
				批生产记录中非关键生产步骤的描述和记录不全面。	□基本符合	
				1. 一批次或一批次以上试制样品没有批生产记录；2. 批生产记录内容不能反映该批产品的生产和质量情况；3. 无关键生产步骤的描述和（或）关键生产步骤不可追溯；4. 批生产记录描述不全面；5. 批生产记录内容与注册申请材料相关内容不一致。	□不符合	

序号	核查项目	对应要求	核查内容	核查结果	核查结论	核查记录
21	稳定性考察记录	申请人应当进行持续稳定性考察；考察方案和考察结果报告。考察方案和考察结果报告应当符合要求。	1.核查申请人是否有持续稳定性考察方案；2.考察方案内容是否全面、考察项目、考察时间等设置是否科学合理；3.是否按照稳定性考察方案进行考察，并有相应考察记录、检验记录和考察报告是否与注册申请材料相关内容一致。4.	1.有持续稳定性考察方案；2.考察方案内容全面，考察项目、考察时间等设置科学合理；3.按照稳定性考察方案进行考察，并有相应考察记录、检验记录和考察报告；4.记录和报告与注册申请材料相关内容一致。	□符合	
				1.有持续稳定性考察方案，但方案内容考察不全面；2.考察项目或考察时间等设置不合理；3.未完全按照稳定性考察方案进行考察；4.考察记录、检验记录和考察报告与注册申请材料相关内容有缺陷。	□基本符合	
				1.申请人无持续稳定性考察方案；2.考察项目或考察时间等设置不合理；3.未完全按照稳定性考察方案进行考察；4.考察报告和（或）考察报告与注册申请材料相关内容不一致。	□不符合	

特殊医学用途配方食品注册生产企业现场核查要点及判断原则（试行）

117

序号	核查项目	对应要求	核查内容	核查结果	核查结论	核查记录
22	检验能力	检验机构具备的检验设施、设备和检验仪器能够满足按照特殊医学用途配方食品国家标准规定的全部项目逐批检验的要求;检验仪器、设备的性能、精密度能达到规定的要求并有合格计量检定证书;有与检验项目相适应的专职人员。	1.查看检验部门检验设施、设备和检验仪器等能否对规定的全部项目进行检验;2.现场查看检验仪器、设备运行状况是否正常;3.查看检验人员花名册,确认配备的检验人员能够满足检验要求。	1.检验部门配备的检验设施、设备和检验仪器等能满足检验要求;2.检验仪器、设备的性能、精密度能达到规定书;3.配备的检验人员满足检验要求。	□符合	
				1.配备的检验设施、设备和检验仪器等能基本满足检验要求;2.个别非关键仪器、设备未经计量检定;3.配备的检验人员基本满足检验要求。	□基本符合	
				1.检验部门配备的检验设施、设备和检验仪器等不能满足检验要求;2.配备的检验人员不能满足检验要求;3.部分检验仪器、设备未经计量检定。	□不符合	

118

序号	核查项目	对应要求	核查内容	核查结果	核查结论	核查记录
23	检验制度	申请人应建立产品质量检验制度和检验设备管理制度。	核查申请人是否建立产品质量检验制度和检验设备管理制度。	1.申请人建立产品质量检验制度并有效执行；2.有检验设备管理制度并有效执行；3.检验报告和原始记录按规定保存完好，原始记录可复现检验全过程记录规范；4.检验合格证号能追溯到检验合格报告。	□符合	
				1.产品质量检验制度和（或）检验设备管理制度内容不全面或执行有缺陷；2.个别检验报告未按规定保存；3.检验原始记录不规范。	□基本符合	
				1.无产品质量检验制度和（或）检验设备管理制度，或未执行制度；2.原始记录未按规定保存或有缺失；3.检验合格证号不能追溯到检验报告；4.原始记录不能复现检验全过程。	□不符合	

续 表

序号	核查项目	对应要求	核查内容	核查结果	核查结论	核查记录
24	检验质量管理体系	建立完善的检验质量体系文件，文件中全部项目规定了相应的检验方法和检验规程。	1.核查申请人是否建立包括检验方法、检验规程等内容的检验质量体系文件；2.是否对产品标准要求规定的全部项目进行规定并对检验方法进行验证；3.查看原始检验记录，确认是否采用规定的检验方法进行检验；4.确认是否有可追溯的检验原始记录。	1.申请人建立了完善的检验质量体系文件；2.检验质量体系文件对产品标准规定的全部项目建立相应的检验方法和检验规程，并对检验方法进行验证；3.有与申请注册产品相关的检验记录及其他原始记录，记录符合要求；4.产品按照规定的方法进行检验；5.有可追溯的检验记录。	□符合	
				1.检验质量体系文件完整但存在缺陷；2.检验方法和检验规程不完善；3.检验记录完整但不规范。	□基本符合	
				1.检验质量体系文件未对产品质量要求规定的全部项目建立相应的检验方法；2.部分检验方法未经验证；3.未按规定检验或无检验记录；4.无检验记录或检验记录系统性缺失；5.检验记录中相关内容与注册申请材料相关内容不一致。	□不符合	

说明:

1. 本表适用于特殊医学用途配方食品注册申请时对生产企业试制样品现场进行的核查工作。

2. 现场核查项目分为:生产能力、研发能力、检验能力、生产场所、设备设施、人员、物料管理、生产过程管理八个部分共 24 个核查项目,其中关键核查项目 5 个("*"项目为关键核查项目,其他为一般核查项目)。

3. 判定原则:当符合项的内容全部符合的,该核查项目核查结论为符合;存在基本符合项的,核查项目核查结论均为基本符合;存在不符合项,存在不符合项中一项或一项以上情形的,该核查项目核查结论为不符合。

当全部核查项目核查结论均为符合的,核查单位作出通过现场核查的决定;该核查项目中一项或一项以上情形的,核查单位作出通过现场核查的决定。当任何 1 个至 4 个核查项目核查结论为基本符合的,申请人对基本符合项进行整改,整改应在 10 日内完成。申请人对整改项目的核查确认并签字,核查单位作出通过现场核查的决定;由当地省级食品药品监督管理部门予以核查确认并签字,完成整改或整改不到位的,核查单位作出不予通过现场核查的决定。当任何 1 个关键核查项目的核查结论为不符合,或 5 个及以上核查项目为基本符合,或逾期未完成整改或整改不到位的,核查单位作出不予通过现场核查的决定。

4. 根据技术审评需要,还可以对申请人提交的申报资料涉及的其他项目进行现场核查。

特殊医学用途配方食品标签、说明书样稿要求（试行）

[**产品名称**] 包括通用名称、商品名称，进口产品还可标注英文名称。

[**产品类别**] 按照《食品安全国家标准 特殊医学用途配方食品通则》（GB 29922）和《食品安全国家标准 特殊医学用途婴儿配方食品通则》（GB 25596）规定的产品类别（分类）进行标注。

[**配料表**] 应当符合《食品安全国家标准 预包装食品标签通则》（GB 7718）要求及有关规定。

[**营养成分表**] 标签上以"方框表"的形式标示每100g（克）和（或）每100ml（毫升）以及每100kJ（千焦）产品中的能量（kJ 或 kcal）、营养素和可选择成分的含量；选择性标示每份产品中的能量（kJ 或 kcal）、营养素和可选择成分的含量。当用份标示时，应标明每份产品的量。

能量、营养素和可选择成分使用食品安全国家标准规定的计量单位，标示数值可通过产品检测或原料计算获得。在产品保质期内，能量、营养素和可选择成分的实际含量不应低于标示值的80%，并应符合特殊医学用途配方食品相应食品安全国家标准的要求。

[**配方特点/营养学特征**] 应对产品的配方特点、配方原理或营养学特征进行描述或说明，包括对产品与适用人群疾病或医学状况的说明、产品中能量和营养成分的特征描述、配方原理的解释等。描述应客观、清晰、简洁，便于医生或临床营养师指导患者正确使用，不应导致使用者产生误解。

[**组织状态**] 描述应当符合产品相应特性。

[**适用人群**] 根据产品类别，按照《食品安全国家标准 特殊医学用途配方食品通则》（GB 29922）和《食品安全国家标准 特殊医学用途婴儿配方食品通则》（GB 25596）规定的适用人群或适用的特殊医学状况进行标注，应准确、详细描述所有适用人群。

[**食用方法和食用量**]

1.食用方法，如口服（或）管饲，以及口服（或）管饲具体用法，包括服用方式、操作要求、食用前的冲调方法、产品应维持的温度、服用速度、产品保存方式等。

2.食用量，描述适用人群在不同营养状况、不同疾病状态下用量；食用量以"每次xx（重量或容量单位，如 g、mg、ml 等），每日 xx 次"表示，或以"每次 xx（相应的计数单位，如包、瓶等），每日 xx 次"，或准确标示为 ml/日，g/日，kcal/kg 体重，kJ/kg 体重。

3.不同适用人群，其食用量和食用方法不一致时，应分别描述。

[**净含量和规格**] 单件预包装食品标示净含量；同一预包装内含有多个单件预包装

食品时，在标示净含量的同时还应标示规格。

[**保质期**] 按照食品安全国家标准和有关规定进行标注。

[**贮存条件**] 注明产品的贮存条件，如有必要，注明开封后的贮存条件。如果开封后的产品不易贮存或不宜在原包装容器内贮存，应向消费者特别提示。对贮存有特殊要求的产品，应特别注明。

[**警示说明和注意事项**]应在醒目位置标示"请在医生或临床营养师指导下使用""不适用于非目标人群使用""本品禁止用于肠外营养支持和静脉营养"；还应根据实际需要选择性地标注"配制不当和使用不当可能引起 XX 危害""严禁 XX 人群使用或 XX 疾病状态下人群使用"等警示说明，以及"产品使用后可能引起不耐受（不适）""XX 人群使用可能引起健康危害""使用期间应避免细菌污染""管饲系统应当正确使用"等注意事项。

其他需要标注的内容

1. 早产 / 低出生体重儿配方食品应标示产品的渗透压。

2. 可供 6 月龄以上婴儿食用的特殊医学用途配方食品，应标明"6 月龄以上特殊医学状况婴儿食用本品时，应配合添加辅助食品"。

3. "可作为唯一营养来源单独食用"或"不可作为唯一营养来源，应配合添加 XX 食品"等。

中华人民共和国国家标准

GB 7718—2011

食品安全国家标准

预包装食品标签通则

2011-04-20 发布   2012-04-20 实施

中华人民共和国卫生部   发布

前　言

本标准代替 GB 7718—2004《预包装食品标签通则》。

本标准与 GB 7718—2004 相比，主要变化如下：

——修改了适用范围；

——修改了预包装食品和生产日期的定义，增加了规格的定义，取消了保存期的定义；

——修改了食品添加剂的标示方式；

——增加了规格的标示方式；

——修改了生产者、经销者的名称、地址和联系方式的标示方式；

——修改了强制标示内容的文字、符号、数字的高度不小于 1.8mm 时的包装物或包装容器的最大表面面积；

——增加了食品中可能含有致敏物质时的推荐标示要求；

——修改了附录 A 中最大表面面积的计算方法；

——增加了附录 B 和附录 C。

食品安全国家标准
预包装食品标签通则

1 范围

本标准适用于直接提供给消费者的预包装食品标签和非直接提供给消费者的预包装食品标签。

本标准不适用于为预包装食品在储藏运输过程中提供保护的食品储运包装标签、散装食品和现制现售食品的标识。

2 术语和定义

2.1 预包装食品

预先定量包装或者制作在包装材料和容器中的食品，包括预先定量包装以及预先定量制作在包装材料和容器中并且在一定量限范围内具有统一的质量或体积标识的食品。

2.2 食品标签

食品包装上的文字、图形、符号及一切说明物。

2.3 配料

在制造或加工食品时使用的，并存在（包括以改性的形式存在）于产品中的任何物质，包括食品添加剂。

2.4 生产日期（制造日期）

食品成为最终产品的日期，也包括包装或灌装日期，即将食品装入（灌入）包装物或容器中，形成最终销售单元的日期。

2.5 保质期

预包装食品在标签指明的贮存条件下，保持品质的期限。在此期限内，产品完全适于销售，并保持标签中不必说明或已经说明的特有品质。

2.6 规格

同一预包装内含有多件预包装食品时，对净含量和内含件数关系的表述。

2.7 主要展示版面

预包装食品包装物或包装容器上容易被观察到的版面。

3 基本要求

3.1 应符合法律、法规的规定，并符合相应食品安全标准的规定。

3.2 应清晰、醒目、持久，应使消费者购买时易于辨认和识读。

3.3 应通俗易懂、有科学依据，不得标示封建迷信、色情、贬低其他食品或违背营养科学常识的内容。

3.4 应真实、准确，不得以虚假、夸大、使消费者误解或欺骗性的文字、图形等方式介绍食品，也不得利用字号大小或色差误导消费者。

3.5 不应直接或以暗示性的语言、图形、符号，误导消费者将购买的食品或食品的某一性质与另一产品混淆。

3.6 不应标注或者暗示具有预防、治疗疾病作用的内容，非保健食品不得明示或者暗示具有保健作用。

3.7 不应与食品或者其包装物（容器）分离。

3.8 应使用规范的汉字（商标除外）。具有装饰作用的各种艺术字，应书写正确，易于辨认。

3.8.1 可以同时使用拼音或少数民族文字，拼音不得大于相应汉字。

3.8.2 可以同时使用外文，但应与中文有对应关系（商标、进口食品的制造者和地址、国外经销者的名称和地址、网址除外）。所有外文不得大于相应的汉字(商标除外)。

3.9 预包装食品包装物或包装容器最大表面面积大于 $35cm^2$ 时（最大表面面积计算方法见附录 A），强制标示内容的文字、符号、数字的高度不得小于 1.8mm。

3.10 一个销售单元的包装中含有不同品种、多个独立包装可单独销售的食品，每件独立包装的食品标识应当分别标注。

3.11 若外包装易于开启识别或透过外包装物能清晰地识别内包装物（容器）上的所有强制标示内容或部分强制标示内容，可不在外包装物上重复标示相应的内容；否则应在外包装物上按要求标示所有强制标示内容。

4 标示内容

4.1 直接向消费者提供的预包装食品标签标示内容

4.1.1 一般要求

　　直接向消费者提供的预包装食品标签标示应包括食品名称、配料表、净含量和规格、生产者和（或）经销者的名称、地址和联系方式、生产日期和保质期、贮存条件、食品生产许可证编号、产品标准代号及其他需要标示的内容。

4.1.2 食品名称

4.1.2.1 应在食品标签的醒目位置，清晰地标示反映食品真实属性的专用名称。

4.1.2.1.1 当国家标准、行业标准或地方标准中已规定了某食品的一个或几个名称时，应选用其中的一个，或等效的名称。

4.1.2.1.2 无国家标准、行业标准或地方标准规定的名称时，应使用不使消费者误解或混淆的常用名称或通俗名称。

4.1.2.2 标示"新创名称"、"奇特名称"、"音译名称"、"牌号名称"、"地区俚语名称"或"商标名称"时，应在所示名称的同一展示版面标示 4.1.2.1 规定的名称。

4.1.2.2.1 当"新创名称"、"奇特名称"、"音译名称"、"牌号名称"、"地区俚语名称"或"商标名称"含有易使人误解食品属性的文字或术语（词语）时，应在所示名称的同一展示版面邻近部位使用同一字号标示食品真实属性的专用名称。

4.1.2.2.2 当食品真实属性的专用名称因字号或字体颜色不同易使人误解食品属性时，也应使用同一字号及同一字体颜色标示食品真实属性的专用名称。

4.1.2.3 为不使消费者误解或混淆食品的真实属性、物理状态或制作方法，可以在食品名称前或食品名称后附加相应的词或短语。如干燥的、浓缩的、复原的、熏制的、油炸的、粉末的、粒状的等。

4.1.3 配料表

4.1.3.1 预包装食品的标签上应标示配料表,配料表中的各种配料应按 4.1.2 的要求标示具体名称，食品添加剂按照 4.1.3.1.4 的要求标示名称。

4.1.3.1.1 配料表应以"配料"或"配料表"为引导词。当加工过程中所用的原料已改变为其他成分（如酒、酱油、食醋等发酵产品）时，可用"原料"或"原料与辅料"代替"配料"、"配料表"，并按本标准相应条款的要求标示各种原料、辅料和食品添加剂。加工助剂不需要标示。

4.1.3.1.2 各种配料应按制造或加工食品时加入量的递减顺序一一排列；加入量不超过2%的配料可以不按递减顺序排列。

4.1.3.1.3 如果某种配料是由两种或两种以上的其他配料构成的复合配料（不包括复合食品添加剂），应在配料表中标示复合配料的名称，随后将复合配料的原始配料在括号内按加入量的递减顺序标示。当某种复合配料已有国家标准、行业标准或地方标准，且其加入量小于食品总量的25%时，不需要标示复合配料的原始配料。

4.1.3.1.4 食品添加剂应当标示其在 GB 2760 中的食品添加剂通用名称。食品添加剂通用名称可以标示为食品添加剂的具体名称，也可标示为食品添加剂的功能类别名称并同时标示食品添加剂的具体名称或国际编码（INS 号）（标示形式见附录 B）。在同一预包装食品的标签上，应选择附录 B 中的一种形式标示食品添加剂。当采用同时标示食品添加剂的功能类别名称和国际编码的形式时，若某种食品添加剂尚不存在相应的国际编码，或因致敏物质标示需要，可以标示其具体名称。食品添加剂的名称不包括其制法。加入量小于食品总量 25% 的复合配料中含有的食品添加剂，若符合 GB 2760 规定的带入原则且在最终产品中不起工艺作用的，不需要标示。

4.1.3.1.5 在食品制造或加工过程中，加入的水应在配料表中标示。在加工过程中已挥发的水或其他挥发性配料不需要标示。

4.1.3.1.6 可食用的包装物也应在配料表中标示原始配料，国家另有法律法规规定的除外。

4.1.3.2 下列食品配料，可以选择按表 1 的方式标示。

表1 配料标示方式

配料类别	标示方式
各种植物油或精炼植物油，不包括橄榄油	"植物油"或"精炼植物油"；如经过氢化处理，应标示为"氢化"或"部分氢化"
各种淀粉，不包括化学改性淀粉	"淀粉"
加入量不超过2%的各种香辛料或香辛料浸出物(单一的或合计的)	"香辛料"、"香辛料类"或"复合香辛料"
胶基糖果的各种胶基物质制剂	"胶姆糖基础剂"、"胶基"
添加量不超过10%的各种果脯蜜饯水果	"蜜饯"、"果脯"
食用香精、香料	"食用香精"、"食用香料"、"食用香精香料"

4.1.4 配料的定量标示

4.1.4.1 如果在食品标签或食品说明书上特别强调添加了或含有一种或多种有价值、有特性的配料或成分，应标示所强调配料或成分的添加量或在成品中的含量。

4.1.4.2 如果在食品的标签上特别强调一种或多种配料或成分的含量较低或无时，应标示所强调配料或成分在成品中的含量。

4.1.4.3 食品名称中提及的某种配料或成分而未在标签上特别强调，不需要标示该种配料或成分的添加量或在成品中的含量。

4.1.5 净含量和规格

4.1.5.1 净含量的标示应由净含量、数字和法定计量单位组成（标示形式参见附录 C）。

4.1.5.2 应依据法定计量单位，按以下形式标示包装物（容器）中食品的净含量：

　　a）液态食品，用体积升（L）（l）、毫升（mL）（ml），或用质量克（g）、千克（kg）；

　　b）固态食品，用质量克（g）、千克（kg）；

　　c）半固态或黏性食品，用质量克（g）、千克（kg）或体积升（L）（l）、毫升（mL）（ml）。

4.1.5.3 净含量的计量单位应按表 2 标示。

表 2 净含量计量单位的标示方式

计量方式	净含量（Q）的范围	计量单位
体积	Q < 1000 mL Q ≥ 1000 mL	毫升（mL）(ml) 升（L）(1)
质量	Q < 1000 g Q ≥ 1000 g	克（g） 千克（kg）

4.1.5.4 净含量字符的最小高度应符合表 3 的规定。

表3 净含量字符的最小高度

净含量（Q）的范围	字符的最小高度 mm
Q ≤ 50 mL；Q ≤ 50g	2
50 mL < Q ≤ 200 mL；50 g < Q ≤ 200g	3
200 mL < Q ≤ 1L；200 g < Q ≤ 1 kg	4
Q > 1 kg；Q > 1 L	6

4.1.5.5 净含量应与食品名称在包装物或容器的同一展示版面标示。

4.1.5.6 容器中含有固、液两相物质的食品，且固相物质为主要食品配料时，除标示净含量外，还应以质量或质量分数的形式标示沥干物（固形物）的含量（标示形式参见附录C）。

4.1.5.7 同一预包装内含有多个单件预包装食品时，大包装在标示净含量的同时还应标示规格。

4.1.5.8 规格的标示应由单件预包装食品净含量和件数组成，或只标示件数，可不标示"规格"二字。单件预包装食品的规格即指净含量（标示形式参见附录C）。

4.1.6 生产者、经销者的名称、地址和联系方式

4.1.6.1 应当标注生产者的名称、地址和联系方式。生产者名称和地址应当是依法登记注册、能够承担产品安全质量责任的生产者的名称、地址。有下列情形之一的，应按下列要求予以标示。

4.1.6.1.1 依法独立承担法律责任的集团公司、集团公司的子公司，应标示各自的名称和地址。

4.1.6.1.2 不能依法独立承担法律责任的集团公司的分公司或集团公司的生产基地，应标示集团公司和分公司（生产基地）的名称、地址；或仅标示集团公司的名称、地址及产地，产地应当按照行政区划标注到地市级地域。

4.1.6.1.3 受其他单位委托加工预包装食品的，应标示委托单位和受委托单位的名称和地址；或仅标示委托单位的名称和地址及产地，产地应当按照行政区划标注到地市级地域。

4.1.6.2 依法承担法律责任的生产者或经销者的联系方式应标示以下至少一项内容：电话、传真、网络联系方式等，或与地址一并标示的邮政地址。

4.1.6.3 进口预包装食品应标示原产国国名或地区区名（如香港、澳门、台湾），以及在中国依法登记注册的代理商、进口商或经销者的名称、地址和联系方式，可不标示生产者的名称、地址和联系方式。

4.1.7 日期标示

4.1.7.1 应清晰标示预包装食品的生产日期和保质期。如日期标示采用"见包装物某部位"的形式，应标示所在包装物的具体部位。日期标示不得另外加贴、补印或篡改（标示形式参见附录C）。

4.1.7.2 当同一预包装内含有多个标示了生产日期及保质期的单件预包装食品时，外包装上标示的保质期应按最早到期的单件食品的保质期计算。外包装上标示的生产日期应为最早生产的单件食品的生产日期，或外包装形成销售单元的日期；也可在外包装上分别标示各单件装食品的生产日期和保质期。

4.1.7.3 应按年、月、日的顺序标示日期，如果不按此顺序标示，应注明日期标示顺序（标示形式参见附录C）。

4.1.8 贮存条件

预包装食品标签应标示贮存条件（标示形式参见附录C）。

4.1.9 食品生产许可证编号

预包装食品标签应标示食品生产许可证编号的，标示形式按照相关规定执行。

4.1.10 产品标准代号

在国内生产并在国内销售的预包装食品（不包括进口预包装食品）应标示产品所执行的标准代号和顺序号。

4.1.11 其他标示内容

4.1.11.1 辐照食品

4.1.11.1.1 经电离辐射线或电离能量处理过的食品，应在食品名称附近标示"辐照食品"。

4.1.11.1.2 经电离辐射线或电离能量处理过的任何配料，应在配料表中标明。

4.1.11.2 转基因食品

转基因食品的标示应符合相关法律、法规的规定。

4.1.11.3 营养标签

4.1.11.3.1 特殊膳食类食品和专供婴幼儿的主辅类食品，应当标示主要营养成分及其含量，标示方式按照 GB 13432 执行。

4.1.11.3.2 其他预包装食品如需标示营养标签，标示方式参照相关法规标准执行。

4.1.11.4 质量（品质）等级

食品所执行的相应产品标准已明确规定质量(品质)等级的，应标示质量(品质)等级。

4.2 非直接提供给消费者的预包装食品标签标示内容

非直接提供给消费者的预包装食品标签应按照 4.1 项下的相应要求标示食品名称、规格、净含量、生产日期、保质期和贮存条件，其他内容如未在标签上标注，则应在说明书或合同中注明。

4.3 标示内容的豁免

4.3.1 下列预包装食品可以免除标示保质期：酒精度大于等于10%的饮料酒；食醋；食用盐；固态食糖类；味精。

4.3.2 当预包装食品包装物或包装容器的最大表面面积小于 10cm² 时（最大表面面积计算方法见附录 A），可以只标示产品名称、净含量、生产者（或经销商）的名称和地址。

4.4 推荐标示内容

4.4.1 批号

根据产品需要，可以标示产品的批号。

4.4.2 食用方法

根据产品需要，可以标示容器的开启方法、食用方法、烹调方法、复水再制方法等对消费者有帮助的说明。

4.4.3 致敏物质

4.4.3.1 以下食品及其制品可能导致过敏反应，如果用作配料，宜在配料表中使用易辨识的名称，或在配料表邻近位置加以提示：

    a）含有麸质的谷物及其制品（如小麦、黑麦、大麦、燕麦、斯佩耳特小麦或它们的杂交品系）；

    b）甲壳纲类动物及其制品（如虾、龙虾、蟹等）；

    c）鱼类及其制品；

    d）蛋类及其制品；

    e）花生及其制品；

    f）大豆及其制品；

    g）乳及乳制品（包括乳糖）；

    h）坚果及其果仁类制品。

4.4.3.2 如加工过程中可能带入上述食品或其制品，宜在配料表临近位置加以提示。

5 其他

按国家相关规定需要特殊审批的食品，其标签标识按照相关规定执行。

附录 A

包装物或包装容器最大表面面积计算方法

A.1 长方体形包装物或长方体形包装容器计算方法

长方体形包装物或长方体形包装容器的最大一个侧面的高度（cm）乘以宽度（cm）。

A.2 圆柱形包装物、圆柱形包装容器或近似圆柱形包装物、近似圆柱形包装容器计算方法

包装物或包装容器的高度（cm）乘以圆周长（cm）的40%。

A.3 其他形状的包装物或包装容器计算方法

包装物或包装容器的总表面积的40%。

如果包装物或包装容器有明显的主要展示版面，应以主要展示版面的面积为最大表面面积。

包装袋等计算表面面积时应除去封边所占尺寸。瓶形或罐形包装计算表面面积时不包括肩部、颈部、顶部和底部的凸缘。

附录 B

食品添加剂在配料表中的标示形式

B.1 按照加入量的递减顺序全部标示食品添加剂的具体名称

配料：水，全脂奶粉，稀奶油，植物油，巧克力（可可液块，白砂糖，可可脂，磷脂，聚甘油蓖麻醇酯，食用香精，柠檬黄），葡萄糖浆，丙二醇脂肪酸酯，卡拉胶，瓜尔胶，胭脂树橙，麦芽糊精，食用香料。

B.2 按照加入量的递减顺序全部标示食品添加剂的功能类别名称及国际编码

配料：水，全脂奶粉，稀奶油，植物油，巧克力（可可液块，白砂糖，可可脂，乳化剂（322，476），食用香精，着色剂（102）），葡萄糖浆，乳化剂（477），增稠剂（407，412），着色剂（160b），麦芽糊精，食用香料。

B.3 按照加入量的递减顺序全部标示食品添加剂的功能类别名称及具体名称

配料：水，全脂奶粉，稀奶油，植物油，巧克力（可可液块，白砂糖，可可脂，乳化剂（磷脂，聚甘油蓖麻醇酯），食用香精，着色剂（柠檬黄）），葡萄糖浆，乳化剂（丙二醇脂肪酸酯），增稠剂（卡拉胶，瓜尔胶），着色剂（胭脂树橙），麦芽糊精，食用香料。

B.4 建立食品添加剂项一并标示的形式

B.4.1 一般原则

直接使用的食品添加剂应在食品添加剂项中标注。营养强化剂、食用香精香料、胶基糖果中基础剂物质可在配料表的食品添加剂项外标注。非直接使用的食品添加剂不在食品添加剂项中标注。食品添加剂项在配料表中的标注顺序由需纳入该项的各种食品添加剂的总重量决定。

B.4.2 全部标示食品添加剂的具体名称

配料：水，全脂奶粉，稀奶油，植物油，巧克力（可可液块，白砂糖，可可脂，磷脂，聚甘油蓖麻醇酯，食用香精，柠檬黄），葡萄糖浆，食品添加剂（丙二醇脂肪酸酯，卡拉胶，瓜尔胶，胭脂树橙），麦芽糊精，食用香料。

B.4.3 全部标示食品添加剂的功能类别名称及国际编码

配料：水，全脂奶粉，稀奶油，植物油，巧克力（可可液块，白砂糖，可可脂，乳化剂（322，476），食用香精，着色剂（102）），葡萄糖浆，食品添加剂（乳化剂（477），增稠剂（407，412），着色剂（160b）），麦芽糊精，食用香料。

B.4.4 全部标示食品添加剂的功能类别名称及具体名称

配料：水，全脂奶粉，稀奶油，植物油，巧克力（可可液块，白砂糖，可可脂，乳化剂（磷脂，聚甘油蓖麻醇酯），食用香精，着色剂（柠檬黄）），葡萄糖浆，食品添加剂（乳化剂（丙二醇脂肪酸酯），增稠剂（卡拉胶，瓜尔胶），着色剂（胭脂树橙）），麦芽糊精，食用香料。

附录C
部分标签项目的推荐标示形式

C.1 概述

本附录以示例形式提供了预包装食品部分标签项目的推荐标示形式，标示相应项目时可选用但不限于这些形式。如需要根据食品特性或包装特点等对推荐形式调整使用的，应与推荐形式基本涵义保持一致。

C.2 净含量和规格的标示

为方便表述，净含量的示例统一使用质量为计量方式，使用冒号为分隔符。标签上应使用实际产品适用的计量单位，并可根据实际情况选择空格或其他符号作为分隔符，便于识读。

C.2.1 单件预包装食品的净含量（规格）可以有如下标示形式：

净含量（或 净含量/规格）：450g；

净含量（或 净含量/规格）：225克（200克+送25克）；

净含量（或 净含量/规格）：200克+赠25克；

净含量（或 净含量/规格）：（200+25）克。

C.2.2 净含量和沥干物（固形物）可以有如下标示形式（以"糖水梨罐头"为例）：

净含量（或 净含量/规格）：425克 沥干物（或 固形物 或 梨块）：不低于255克（或不低于60%）。

C.2.3 同一预包装内含有多件同种类的预包装食品时，净含量和规格均可以有如下标示形式：

净含量（或 净含量/规格）： 40克×5；

净含量（或 净含量/规格）：5×40克；

净含量（或 净含量/规格）：200克（5×40克）；

净含量（或 净含量/规格）：200克（40克×5）；

净含量（或 净含量/规格）：200克（5件）；

净含量：200克 规格：5×40克；

净含量：200克 规格：40克×5；

净含量：200克 规格：5件；

净含量（或 净含量/规格）：200克（100克＋50克×2）；

净含量（或 净含量/规格）：200克（80克×2＋40克）；

净含量：200克 规格：100克＋50克×2；

净含量：200克 规格：80克×2＋40克。

C.2.4 同一预包装内含有多件不同种类的预包装食品时，净含量和规格可以有如下标示形式：

净含量（或 净含量/规格）：200克（A产品40克×3，B产品40克×2）；

净含量（或 净含量/规格）：200克（40克×3，40克×2）；

净含量（或 净含量/规格）：100克A产品，50克×2 B产品，50克C产品；

净含量（或 净含量/规格）：A产品：100克，B产品：50克×2，C产品：50克；

净含量/规格：100克（A产品），50克×2（B产品），50克（C产品）；

净含量/规格：A产品100克，B产品50克×2，C产品50克。

C.3 日期的标示

日期中年、月、日可用空格、斜线、连字符、句点等符号分隔，或不用分隔符。年代号一般应标示4位数字，小包装食品也可以标示2位数字。月、日应标示2位数字。

日期的标示可以有如下形式：

2010年3月20日；

2010 03 20； 2010/03/20； 20100320；

20 日 3 月 2010 年；3 月 20 日 2010 年；

（月/日/年）：03 20 2010； 03/20/2010； 03202010。

C.4 保质期的标示

保质期可以有如下标示形式：

最好在……之前食（饮）用；   ……之前食（饮）用最佳；……之前最佳；

此日期前最佳……；   此日期前食（饮）用最佳……；

保质期（至）……；保质期××个月（或 ××日，或 ××天，或 ××周，或 ×年）。

C.5 贮存条件的标示

贮存条件可以标示"贮存条件"、"贮藏条件"、"贮藏方法"等标题，或不标示标题。

贮存条件可以有如下标示形式：

常温（或冷冻，或冷藏，或避光，或阴凉干燥处）保存；

×× - ×× ℃保存；

请置于阴凉干燥处；

常温保存，开封后需冷藏；

温度：≤××℃，湿度：≤×× %。

_____

GB 14880—2012

中华人民共和国国家标准

食品安全国家标准
食品营养强化剂使用标准

2012-03-15 发布

2013-01-01 实施

中华人民共和国卫生部 发布

前　言

本标准代替GB 14880—1994《食品营养强化剂使用卫生标准》。

本标准与GB 14880—1994相比，主要变化如下：

——标准名称改为《食品安全国家标准 食品营养强化剂使用标准》；

——增加了卫生部1997年～2012年1号公告及GB 2760—1996附录B中营养强化剂的相关规定；

——增加了术语和定义；

——增加了营养强化的主要目的、使用营养强化剂的要求和可强化食品类别的选择要求；

——在风险评估的基础上，结合本标准的食品类别（名称），调整、合并了部分营养强化剂的使用品种、使用范围和使用量，删除了部分不适宜强化的食品类别；

——列出了允许使用的营养强化剂化合物来源名单；

——增加了可用于特殊膳食用食品的营养强化剂化合物来源名单和部分营养成分的使用范围和使用量；

——增加了食品类别（名称）说明；

——删除了原标准中附录A"食品营养强化剂使用卫生标准实施细则"；

——保健食品中营养强化剂的使用和食用盐中碘的使用，按相关国家标准或法规管理。

食品安全国家标准
食品营养强化剂使用标准

1 范围

本标准规定了食品营养强化的主要目的、使用营养强化剂的要求、可强化食品类别的选择要求以及营养强化剂的使用规定。

本标准适用于食品中营养强化剂的使用。国家法律、法规和（或）标准另有规定的除外。

2 术语和定义

2.1 营养强化剂

为了增加食品的营养成分（价值）而加入到食品中的天然或人工合成的营养素和其他营养成分。

2.2 营养素

食物中具有特定生理作用，能维持机体生长、发育、活动、繁殖以及正常代谢所需的物质，包括蛋白质、脂肪、碳水化合物、矿物质、维生素等。

2.3 其他营养成分

除营养素以外的具有营养和（或）生理功能的其他食物成分。

2.4 特殊膳食用食品

为满足特殊的身体或生理状况和（或）满足疾病、紊乱等状态下的特殊膳食需求，专门加工或配方的食品。这类食品的营养素和（或）其他营养成分的含量与可类比的普通食品有显著不同。

3 营养强化的主要目的

3.1 弥补食品在正常加工、储存时造成的营养素损失。

3.2 在一定的地域范围内，有相当规模的人群出现某些营养素摄入水平低或缺乏，通过强化可以改善其摄入水平低或缺乏导致的健康影响。

3.3 某些人群由于饮食习惯和（或）其他原因可能出现某些营养素摄入量水平低或缺乏，通过强化可以改善其摄入水平低或缺乏导致的健康影响。

3.4 补充和调整特殊膳食用食品中营养素和（或）其他营养成分的含量。

4 使用营养强化剂的要求

4.1 营养强化剂的使用不应导致人群食用后营养素及其他营养成分摄入过量或不均衡，不应导致任何营养素及其他营养成分的代谢异常。

4.2 营养强化剂的使用不应鼓励和引导与国家营养政策相悖的食品消费模式。

4.3 添加到食品中的营养强化剂应能在特定的储存、运输和食用条件下保持质量的稳定。

4.4 添加到食品中的营养强化剂不应导致食品一般特性如色泽、滋味、气味、烹调特性等发生明显不良改变。

4.5 不应通过使用营养强化剂夸大食品中某一营养成分的含量或作用误导和欺骗消费者。

5 可强化食品类别的选择要求

5.1 应选择目标人群普遍消费且容易获得的食品进行强化。

5.2 作为强化载体的食品消费量应相对比较稳定。

5.3 我国居民膳食指南中提倡减少食用的食品不宜作为强化的载体。

6 营养强化剂的使用规定

6.1 营养强化剂在食品中的使用范围、使用量应符合附录 A 的要求，允许使用的化合物来源应符合附录 B 的规定。

6.2 特殊膳食用食品中营养素及其他营养成分的含量按相应的食品安全国家标准执行，允许使用的营养强化剂及化合物来源应符合本标准附录 C 和（或）相应产品标准的要求。

7 食品类别（名称）说明

食品类别（名称）说明用于界定营养强化剂的使用范围，只适用于本标准，见附录 D。如允许某一营养强化剂应用于某一食品类别（名称）时，则允许其应用于该类别下的所有类别食品，另有规定的除外。

8 营养强化剂质量标准

按照本标准使用的营养强化剂化合物来源应符合相应的质量规格要求。

附录 A

食品营养强化剂使用规定

食品营养强化剂使用规定见表 A.1。

表 A.1 营养强化剂的允许使用品种、使用范围 ᵃ 及使用量

营养强化剂	食品分类号	食品类别（名称）	使用量
维生素类			
维生素 A	01.01.03	调制乳	600 μg/kg ~ 1000 μg/kg
	01.03.02	调制乳粉（儿童用乳粉和孕产妇用乳粉除外）	3000 μg/kg ~ 9000 μg/kg
		调制乳粉（仅限儿童用乳粉）	1200 μg/kg ~7000 μg/kg
		调制乳粉（仅限孕产妇用乳粉）	2000 μg/kg ~ 10000 μg/kg
	02.01.01.01	植物油	4000 μg/kg ~ 8000 μg/kg
	02.02.01.02	人造黄油及其类似制品	4000 μg/kg ~ 8000 μg/kg
	03.01	冰淇淋类、雪糕类	600 μg/kg ~ 1200 μg/kg
	04.04.01.07	豆粉、豆浆粉	3000 μg/kg ~ 7000 μg/kg
	04.04.01.08	豆浆	600 μg/kg ~ 1400 μg/kg
	06.02.01	大米	600 μg/kg ~ 1200 μg/kg
	06.03.01	小麦粉	600 μg/kg ~ 1200 μg/kg
	06.06	即食谷物，包括辗轧燕麦（片）	2000 μg/kg ~ 6000 μg/kg
	07.02.02	西式糕点	2330 μg/kg ~ 4000 μg/kg
	07.03	饼干	2330 μg/kg ~ 4000 μg/kg
	14.03.01	含乳饮料	300 μg/kg ~ 1000 μg/kg
	14.06	固体饮料类	4000 μg/kg ~ 17000 μg/kg
	16.01	果冻	600 μg/kg ~ 1000 μg/kg
	16.06	膨化食品	600 μg/kg ~ 1500 μg/kg
β-胡萝卜素	14.06	固体饮料类	3 mg /kg ~ 6 mg /kg
维生素 D	01.01.03	调制乳	10 μg/kg ~ 40 μg/kg
	01.03.02	调制乳粉（儿童用乳粉和孕产妇用乳粉除外）	63 μg/kg ~ 125μg/kg
		调制乳粉（仅限儿童用乳粉）	20 μg/kg ~ 112 μg/kg
		调制乳粉（仅限孕产妇用乳粉）	23 μg/kg ~ 112 μg/kg
	02.02.01.02	人造黄油及其类似制品	125 μg/kg ~ 156 μg/kg
	03.01	冰淇淋类、雪糕类	10 μg/kg ~ 20 μg/kg
	04.04.01.07	豆粉、豆浆粉	15 μg/kg ~ 60 μg/kg
	04.04.01.08	豆浆	3 μg/kg ~ 15 μg/kg
	06.05.02.03	藕粉	50 μg/kg ~ 100 μg/kg
	06.06	即食谷物，包括辗轧燕麦（片）	12.5 μg/kg ~ 37.5 μg/kg
	07.03	饼干	16.7 μg/kg ~ 33.3 μg/kg
	07.05	其他焙烤食品	10 μg/kg ~ 70 μg/kg

表 A.1 （续）

营养强化剂	食品分类号	食品类别（名称）	使用量
维生素 D	14.02.03	果蔬汁（肉）饮料（包括发酵型产品等）	2 μg/kg ~ 10 μg/kg
	14.03.01	含乳饮料	10 μg/kg ~ 40 μg/kg
	14.04.02.02	风味饮料	2 μg/kg ~ 10 μg/kg
	14.06	固体饮料类	10 μg/kg ~ 20 μg/kg
	16.01	果冻	10 μg/kg ~ 40 μg/kg
	16.06	膨化食品	10 μg/kg ~ 60 μg/kg
维生素 E	01.01.03	调制乳	12 mg/kg ~ 50 mg/kg
	01.03.02	调制乳粉（儿童用乳粉和孕产妇用乳粉除外）	100 mg/kg ~ 310 mg/kg
		调制乳粉（仅限儿童用乳粉）	10 mg/kg ~ 60 mg/kg
		调制乳粉（仅限孕产妇用乳粉）	32 mg/kg ~ 156 mg/kg
	02.01.01.01	植物油	100 mg/kg ~ 180 mg/kg
	02.02.01.02	人造黄油及其类似制品	100 mg/kg ~ 180 mg/kg
	04.04.01.07	豆粉、豆浆粉	30 mg/kg ~ 70 mg/kg
	04.04.01.08	豆浆	5 mg/kg ~ 15 mg/kg
	05.02.01	胶基糖果	1050 mg/kg ~ 1450 mg/kg
	06.06	即食谷物，包括辗轧燕麦（片）	50 mg/kg ~ 125 mg/kg
	14.0	饮料类（14.01，14.06 涉及品种除外）	10 mg/kg ~ 40 mg/kg
	14.06	固体饮料	76 mg/kg ~ 180 mg/kg
	16.01	果冻	10 mg/kg ~ 70 mg/kg
维生素 K	01.03.02	调制乳粉（仅限儿童用乳粉）	420 μg/kg ~ 750 μg/kg
		调制乳粉（仅限孕产妇用乳粉）	340 μg/kg ~ 680 μg/kg
维生素 B_1	01.03.02	调制乳粉（仅限儿童用乳粉）	1.5 mg/kg ~ 14 mg/kg
		调制乳粉（仅限孕产妇用乳粉）	3 mg/kg ~ 17 mg/kg
	04.04.01.07	豆粉、豆浆粉	6 mg/kg ~ 15 mg/kg
	04.04.01.08	豆浆	1 mg/kg ~ 3 mg/kg
	05.02.01	胶基糖果	16 mg/kg ~ 33 mg/kg
	06.02	大米及其制品	3 mg/kg ~ 5 mg/kg
	06.03	小麦粉及其制品	3 mg/kg ~ 5 mg/kg
	06.04	杂粮粉及其制品	3 mg/kg ~ 5 mg/kg
	06.06	即食谷物，包括辗轧燕麦（片）	7.5 mg/kg ~ 17.5 mg/kg
	07.01	面包	3 mg/kg ~ 5 mg/kg
	07.02.02	西式糕点	3 mg/kg ~ 6 mg/kg
	07.03	饼干	3 mg/kg ~ 6 mg/kg
	14.03.01	含乳饮料	1 mg/kg ~ 2 mg/kg
	14.04.02.02	风味饮料	2 mg/kg ~ 3 mg/kg
	14.06	固体饮料类	9 mg/kg ~ 22 mg/kg
	16.01	果冻	1 mg/kg ~ 7 mg/kg

表 A.1 （续）

营养强化剂	食品分类号	食品类别（名称）	使用量
维生素 B$_2$	01.03.02	调制乳粉（仅限儿童用乳粉）	8 mg/kg ～ 14 mg/kg
		调制乳粉（仅限孕产妇用乳粉）	4 mg/kg ～ 22 mg/kg
	04.04.01.07	豆粉、豆浆粉	6 mg/kg ～ 15 mg/kg
	04.04.01.08	豆浆	1 mg/kg ～ 3 mg/kg
	05.02.01	胶基糖果	16 mg/kg ～ 33 mg/kg
	06.02	大米及其制品	3 mg/kg ～ 5 mg/kg
	06.03	小麦粉及其制品	3 mg/kg ～ 5 mg/kg
	06.04	杂粮粉及其制品	3 mg/kg ～ 5 mg/kg
	06.06	即食谷物，包括辗轧燕麦（片）	7.5 mg/kg ～ 17.5 mg/kg
	07.01	面包	3 mg/kg ～ 5 mg/kg
	07.02.02	西式糕点	3.3 mg/kg ～ 7.0 mg/kg
	07.03	饼干	3.3 mg/kg ～ 7.0 mg/kg
	14.03.01	含乳饮料	1 mg/kg ～ 2 mg/kg
	14.06	固体饮料类	9 mg/kg ～ 22 mg/kg
	16.01	果冻	1 mg/kg ～ 7 mg/kg
维生素 B$_6$	01.03.02	调制乳粉（儿童用乳粉和孕产妇用乳粉除外）	8 mg/kg ～ 16 mg/kg
		调制乳粉（仅限儿童用乳粉）	1 mg/kg ～ 7 mg/kg
		调制乳粉（仅限孕产妇用乳粉）	4 mg/kg ～ 22 mg/kg
	06.06	即食谷物，包括辗轧燕麦（片）	10 mg/kg ～ 25 mg/kg
	07.03	饼干	2 mg/kg ～ 5 mg/kg
	07.05	其他焙烤食品	3 mg/kg ～ 15 mg/kg
	14.0	饮料类（14.01、14.06 涉及品种除外）	0.4 mg/kg ～ 1.6 mg/kg
	14.06	固体饮料类	7 mg/kg ～ 22 mg/kg
	16.01	果冻	1 mg/kg ～ 7 mg/kg
维生素 B$_{12}$	01.03.02	调制乳粉（仅限儿童用乳粉）	10 μg/kg ～ 30 μg/kg
		调制乳粉（仅限孕产妇用乳粉）	10 μg/kg ～ 66 μg/kg
	06.06	即食谷物，包括辗轧燕麦（片）	5 μg/kg ～ 10 μg/kg
	07.05	其他焙烤食品	10 μg/kg ～ 70μg/kg
	14.0	饮料类（14.01、14.06 涉及品种除外）	0.6 μg/kg ～ 1.8μg/kg
	14.06	固体饮料类	10 μg/kg ～ 66μg/kg
	16.01	果冻	2 μg/kg ～ 6 μg/kg
维生素 C	01.02.02	风味发酵乳	120 mg/kg ～ 240 mg/kg
	01.03.02	调制乳粉（儿童用乳粉和孕产妇用乳粉除外）	300 mg/kg ～ 1000 mg/kg
		调制乳粉（仅限儿童用乳粉）	140 mg/kg ～ 800 mg/kg
		调制乳粉（仅限孕产妇用乳粉）	1000 mg/kg ～ 1600 mg/kg
	04.01.02.01	水果罐头	200 mg/kg ～ 400 mg/kg

表 A.1 （续） GB 14880—2012

营养强化剂	食品分类号	食品类别（名称）	使用量
维生素 C	04.01.02.02	果泥	50 mg/kg ～ 100 mg/kg
	04.04.01.07	豆粉、豆浆粉	400 mg/kg ～ 700 mg/kg
	05.02.01	胶基糖果	630 mg/kg ～ 13000 mg/kg
	05.02.02	除胶基糖果以外的其他糖果	1000 mg/kg ～ 6000 mg/kg
	06.06	即食谷物，包括辗轧燕麦（片）	300 mg/kg ～ 750 mg/kg
	14.02.03	果蔬汁（肉）饮料（包括发酵型产品等）	250 mg/kg ～ 500 mg/kg
	14.03.01	含乳饮料	120 mg/kg ～ 240 mg/kg
	14.04	水基调味饮料类	250 mg/kg ～ 500 mg/kg
	14.06	固体饮料类	1000 mg/kg ～ 2250 mg/kg
	16.01	果冻	120 mg/kg ～ 240 mg/kg
烟酸（尼克酸）	01.03.02	调制乳粉（仅限儿童用乳粉）	23 mg/kg ～ 47 mg/kg
		调制乳粉（仅限孕产妇用乳粉）	42 mg/kg ～ 100 mg/kg
	04.04.01.07	豆粉、豆浆粉	60 mg/kg ～ 120 mg/kg
	04.04.01.08	豆浆	10 mg/kg ～ 30 mg/kg
	06.02	大米及其制品	40 mg/kg ～ 50 mg/kg
	06.03	小麦粉及其制品	40 mg/kg ～ 50 mg/kg
	06.04	杂粮粉及其制品	40 mg/kg ～ 50 mg/kg
	06.06	即食谷物，包括辗轧燕麦（片）	75 mg/kg ～ 218 mg/kg
	07.01	面包	40 mg/kg ～ 50 mg/kg
	07.03	饼干	30 mg/kg ～ 60 mg/kg
	14.0	饮料类（14.01、14.06 涉及品种除外）	3 mg/kg ～ 18 mg/kg
	14.06	固体饮料类	110 mg/kg ～ 330 mg/kg
叶酸	01.01.03	调制乳（仅限孕产妇用调制乳）	400 μg/kg ～ 1200 μg/kg
	01.03.02	调制乳粉（儿童用乳粉和孕产妇用乳粉除外）	2000 μg/kg ～ 5000 μg/kg
		调制乳粉（仅限儿童用乳粉）	420 μg/kg ～ 3000 μg/kg
		调制乳粉（仅限孕产妇用乳粉）	2000 μg/kg ～ 8200 μg/kg
	06.02.01	大米（仅限免淘洗大米）	1000 μg/kg ～3000 μg/kg
	06.03.01	小麦粉	1000 μg/kg ～ 3000 μg/kg
	06.06	即食谷物，包括辗轧燕麦（片）	1000 μg/kg ～ 2500 μg/kg
	07.03	饼干	390 μg/kg ～ 780 μg/kg
	07.05	其他焙烤食品	2000 μg/kg ～ 7000 μg/kg
	14.02.03	果蔬汁（肉）饮料（包括发酵型产品等）	157 μg/kg ～ 313 μg/kg
	14.06	固体饮料类	600 μg/kg ～ 6000 μg/kg
	16.01	果冻	50 μg/kg ～ 100 μg/kg
泛酸	01.03.02	调制乳粉（仅限儿童用乳粉）	6 mg/kg ～ 60 mg/kg
		调制乳粉（仅限孕产妇用乳粉）	20 mg/kg ～ 80 mg/kg

表 A.1 （续）

营养强化剂	食品分类号	食品类别（名称）	使用量
泛酸	06.06	即食谷物，包括辗轧燕麦（片）	30 mg/kg ~ 50 mg/kg
	14.04.01	碳酸饮料	1.1 mg/kg ~ 2.2 mg/kg
	14.04.02.02	风味饮料	1.1 mg/kg ~ 2.2 mg/kg
	14.05.01	茶饮料类	1.1 mg/kg ~ 2.2 mg/kg
	14.06	固体饮料类	22 mg/kg ~ 80 mg/kg
	16.01	果冻	2 mg/kg ~ 5 mg/kg
生物素	01.03.02	调制乳粉（仅限儿童用乳粉）	38 μg/kg ~ 76 μg/kg
胆碱	01.03.02	调制乳粉（仅限儿童用乳粉）	800 mg/kg ~ 1500 mg/kg
		调制乳粉（仅限孕产妇用乳粉）	1600 mg/kg ~ 3400 mg/kg
	16.01	果冻	50 mg/kg ~ 100 mg/kg
肌醇	01.03.02	调制乳粉（仅限儿童用乳粉）	210 mg/kg ~ 250 mg/kg
	14.02.03	果蔬汁（肉）饮料（包括发酵型产品等）	60 mg/kg ~ 120 mg/kg
	14.04.02.02	风味饮料	60 mg/kg ~ 120 mg/kg
矿物质类			
铁	01.01.03	调制乳	10 mg/kg ~ 20 mg/kg
	01.03.02	调制乳粉（儿童用乳粉和孕产妇用乳粉除外）	60 mg/kg ~ 200 mg/kg
		调制乳粉（仅限儿童用乳粉）	25 mg/kg ~ 135 mg/kg
		调制乳粉（仅限孕产妇用乳粉）	50 mg/kg ~ 280 mg/kg
	04.04.01.07	豆粉、豆浆粉	46 mg/kg ~ 80 mg/kg
	05.02.02	除胶基糖果以外的其他糖果	600 mg/kg ~ 1200 mg/kg
	06.02	大米及其制品	14 mg/kg ~ 26 mg/kg
	06.03	小麦粉及其制品	14 mg/kg ~ 26 mg/kg
	06.04	杂粮粉及其制品	14 mg/kg ~ 26 mg/kg
	06.06	即食谷物，包括辗轧燕麦（片）	35 mg/kg ~ 80 mg/kg
	07.01	面包	14 mg/kg ~ 26 mg/kg
	07.02.02	西式糕点	40 mg/kg ~ 60 mg/kg
	07.03	饼干	40 mg/kg ~ 80 mg/kg
	07.05	其他焙烤食品	50 mg/kg ~ 200 mg/kg
	12.04	酱油	180 mg/kg ~ 260 mg/kg
	14.0	饮料类（14.01 及 14.06 涉及品种除外）	10 mg/kg ~ 20 mg/kg
	14.06	固体饮料类	95 mg/kg ~ 220 mg/kg
	16.01	果冻	10 mg/kg ~ 20 mg/kg
钙	01.01.03	调制乳	250 mg/kg ~ 1000 mg/kg
	01.03.02	调制乳粉（儿童用乳粉除外）	3000 mg/kg ~ 7200 mg/kg
		调制乳粉（仅限儿童用乳粉）	3000 mg/kg ~ 6000 mg/kg
	01.06	干酪和再制干酪	2500 mg/kg ~ 10000 mg/kg
	03.01	冰淇淋类、雪糕类	2400 mg/kg ~ 3000 mg/kg

表A.1 （续）

营养强化剂	食品分类号	食品类别（名称）	使用量
钙	04.04.01.07	豆粉、豆浆粉	1600 mg/kg ~ 8000 mg/kg
	06.02	大米及其制品	1600 mg/kg ~ 3200 mg/kg
	06.03	小麦粉及其制品	1600 mg/kg ~ 3200 mg/kg
	06.04	杂粮粉及其制品	1600 mg/kg ~ 3200 mg/kg
	06.05.02.03	藕粉	2400 mg/kg ~ 3200 mg/kg
	06.06	即食谷物，包括辗轧燕麦（片）	2000 mg/kg ~ 7000 mg/kg
	07.01	面包	1600 mg/kg ~ 3200 mg/kg
	07.02.02	西式糕点	2670 mg/kg ~ 5330 mg/kg
	07.03	饼干	2670 mg/kg ~ 5330 mg/kg
	07.05	其他焙烤食品	3000mg/kg ~ 15000 mg/kg
	08.03.05	肉灌肠类	850 mg/kg ~ 1700 mg/kg
	08.03.07.01	肉松类	2500 mg/kg ~ 5000 mg/kg
	08.03.07.02	肉干类	1700 mg/kg ~ 2550 mg/kg
	10.03.01	脱水蛋制品	190 mg/kg ~ 650 mg/kg
	12.03	醋	6000 mg/kg ~ 8000 mg/kg
	14.0	饮料类（14.01、14.02及14.06涉及品种除外）	160 mg/kg ~ 1350 mg/kg
	14.02.03	果蔬汁（肉）饮料（包括发酵型产品等）	1000 mg/kg ~ 1800 mg/kg
	14.06	固体饮料类	2500 mg/kg ~ 10000 mg/kg
	16.01	果冻	390 mg/kg ~ 800 mg/kg
锌	01.01.03	调制乳	5 mg/kg ~ 10 mg/kg
	01.03.02	调制乳粉（儿童用乳粉和孕产妇用乳粉除外）	30 mg/kg ~ 60 mg/kg
		调制乳粉（仅限儿童用乳粉）	50 mg/kg ~ 175 mg/kg
		调制乳粉（仅限孕产妇用乳粉）	30 mg/kg ~ 140 mg/kg
	04.04.01.07	豆粉、豆浆粉	29 mg/kg ~ 55.5 mg/kg
	06.02	大米及其制品	10 mg/kg ~ 40 mg/kg
	06.03	小麦粉及其制品	10 mg/kg ~ 40 mg/kg
	06.04	杂粮粉及其制品	10 mg/kg ~ 40 mg/kg
	06.06	即食谷物，包括辗轧燕麦（片）	37.5 mg/kg ~ 112.5 mg/kg
	07.01	面包	10 mg/kg ~ 40 mg/kg
	07.02.02	西式糕点	45 mg/kg ~ 80 mg/kg
	07.03	饼干	45 mg/kg ~ 80 mg/kg
	14.0	饮料类（14.01及14.06涉及品种除外）	3 mg/kg ~ 20 mg/kg
	14.06	固体饮料类	60 mg/kg ~ 180 mg/kg
	16.01	果冻	10 mg/kg ~ 20 mg/kg
硒	01.03.02	调制乳粉（儿童用乳粉除外）	140 μg/kg ~ 280 μg/kg
		调制乳粉（仅限儿童用乳粉）	60 μg/kg ~ 130 μg/kg

表A.1（续）

营养强化剂	食品分类号	食品类别（名称）	使用量
硒	06.02	大米及其制品	140 μg/kg～280 μg/kg
	06.03	小麦粉及其制品	140 μg/kg～280 μg/kg
	06.04	杂粮粉及其制品	140 μg/kg～280 μg/kg
	07.01	面包	140 μg/kg～280 μg/kg
	07.03	饼干	30 μg/kg～110 μg/kg
	14.03.01	含乳饮料	50 μg/kg～200 μg/kg
镁	01.03.02	调制乳粉（儿童用乳粉和孕产妇用乳粉除外）	300 mg/kg～1100 mg/kg
	01.03.02	调制乳粉（仅限儿童用乳粉）	300 mg/kg～2800 mg/kg
		调制乳粉（仅限孕产妇用乳粉）	300 mg/kg～2300 mg/kg
	14.0	饮料类（14.01及14.06涉及品种除外）	30 mg/kg～60 mg/kg
	14.06	固体饮料类	1300 mg/kg～2100 mg/kg
铜	01.03.02	调制乳粉（儿童用乳粉和孕产妇用乳粉除外）	3 mg/kg～7.5 mg/kg
		调制乳粉（仅限儿童用乳粉）	2 mg/kg～12 mg/kg
		调制乳粉（仅限孕产妇用乳粉）	4 mg/kg～23 mg/kg
锰	01.03.02	调制乳粉（儿童用乳粉和孕产妇用乳粉除外）	0.3 mg/kg～4.3 mg/kg
		调制乳粉（仅限儿童用乳粉）	7 mg/kg～15 mg/kg
		调制乳粉（仅限孕产妇用乳粉）	11 mg/kg～26 mg/kg
钾	01.03.02	调制乳粉（仅限孕产妇用乳粉）	7000 mg/kg～14100 mg/kg
磷	04.04.01.07	豆粉、豆浆粉	1600 mg/kg～3700 mg/kg
	14.06	固体饮料类	1960 mg/kg～7040 mg/kg
其他			
L-赖氨酸	06.02	大米及其制品	1 g/kg～2 g/kg
	06.03	小麦粉及其制品	1 g/kg～2 g/kg
	06.04	杂粮粉及其制品	1 g/kg～2 g/kg
	07.01	面包	1 g/kg～2 g/kg
牛磺酸	01.03.02	调制乳粉	0.3 g/kg～0.5 g/kg
	04.04.01.07	豆粉、豆浆粉	0.3 g/kg～0.5 g/kg
	04.04.01.08	豆浆	0.06 g/kg～0.1 g/kg
	14.03.01	含乳饮料	0.1 g/kg～0.5 g/kg
	14.04.02.01	特殊用途饮料	0.1 g/kg～0.5 g/kg
	14.04.02.02	风味饮料	0.4 g/kg～0.6 g/kg
	14.06	固体饮料类	1.1 g/kg～1.4 g/kg
	16.01	果冻	0.3 g/kg～0.5 g/kg
左旋肉碱（L-肉碱）	01.03.02	调制乳粉（儿童用乳粉除外）	300 mg/kg～400 mg/kg
		调制乳粉（仅限儿童用乳粉）	50 mg/kg～150 mg/kg

营养强化剂	食品分类号	食品类别（名称）	使用量
左旋肉碱（L-肉碱）	14.02.03	果蔬汁（肉）饮料（包括发酵型产品等）	600 mg/kg ~ 3000 mg/kg
	14.03.01	含乳饮料	600 mg/kg ~ 3000 mg/kg
	14.04.02.01	特殊用途饮料（仅限运动饮料）	100 mg/kg ~ 1000 mg/kg
	14.04.02.02	风味饮料	600 mg/kg ~ 3000 mg/kg
	14.06	固体饮料类	6000 mg/kg ~ 30000 mg/kg
γ-亚麻酸	01.03.02	调制乳粉	20 g/kg ~ 50 g/kg
	02.01.01.01	植物油	20 g/kg ~ 50 g/kg
	14.0	饮料类（14.01，14.06 涉及品种除外）	20 g/kg ~ 50 g/kg
叶黄素	01.03.02	调制乳粉（仅限儿童用乳粉，液体按稀释倍数折算）	1620 μg/kg ~ 2700 μg/kg
低聚果糖	01.03.02	调制乳粉（仅限儿童用乳粉和孕产妇用乳粉）	≤64.5 g/kg
1,3-二油酸 2-棕榈酸甘油三酯	01.03.02	调制乳粉（仅限儿童用乳粉，液体按稀释倍数折算）	24 g/kg ~ 96 g/kg
花生四烯酸（AA 或 ARA）	01.03.02	调制乳粉（仅限儿童用乳粉）	≤1%（占总脂肪酸的百分比）
二十二碳六烯酸（DHA）	01.03.02	调制乳粉（仅限儿童用乳粉）	≤0.5%（占总脂肪酸的百分比）
		调制乳粉（仅限孕产妇用乳粉）	300 mg/kg ~ 1000 mg/kg
乳铁蛋白	01.01.03	调制乳	≤1.0 g/kg
	01.02.02	风味发酵乳	≤1.0 g/kg
	14.03.01	含乳饮料	≤1.0 g/kg
酪蛋白钙肽	06.0	粮食和粮食制品，包括大米、面粉、杂粮、淀粉等（06.01 及 07.0 涉及品种除外）	≤1.6 g/kg
	14.0	饮料类（14.01 涉及品种除外）	≤1.6 g/kg（固体饮料按冲调倍数增加使用量）
酪蛋白磷酸肽	01.01.03	调制乳	≤1.6 g/kg
	01.02.02	风味发酵乳	≤1.6 g/kg
	06.0	粮食和粮食制品，包括大米、面粉、杂粮、淀粉等（06.01 及 07.0 涉及品种除外）	≤1.6 g/kg
	14.0	饮料类（14.01 涉及品种除外）	≤1.6 g/kg（固体饮料按冲调倍数增加使用量）

ª 在表 A.1 中使用范围以食品分类号和食品类别（名称）表示。

附录 B

允许使用的营养强化剂化合物来源名单

允许使用的营养强化剂化合物来源名单见表 B.1。

表 B.1 允许使用的营养强化剂化合物来源名单

营养强化剂	化合物来源
维生素 A	醋酸视黄酯（醋酸维生素 A）
	棕榈酸视黄酯（棕榈酸维生素 A）
	全反式视黄醇
	β-胡萝卜素
β-胡萝卜素	β-胡萝卜素
维生素 D	麦角钙化醇（维生素 D_2）
	胆钙化醇（维生素 D_3）
维生素 E	d-α-生育酚
	dl-α-生育酚
	d-α-醋酸生育酚
	dl-α-醋酸生育酚
	混合生育酚浓缩物
	维生素 E 琥珀酸钙
	d-α-琥珀酸生育酚
	dl-α-琥珀酸生育酚
维生素 K	植物甲萘醌
维生素 B_1	盐酸硫胺素
	硝酸硫胺素
维生素 B_2	核黄素
	核黄素-5'-磷酸钠
维生素 B_6	盐酸吡哆醇
	5'-磷酸吡哆醛
维生素 B_{12}	氰钴胺
	盐酸氰钴胺
	羟钴胺
维生素 C	L-抗坏血酸
	L-抗坏血酸钙
	维生素 C 磷酸酯镁
	L-抗坏血酸钠
	L-抗坏血酸钾
	L-抗坏血酸-6-棕榈酸盐（抗坏血酸棕榈酸酯）
烟酸（尼克酸）	烟酸
	烟酰胺
叶酸	叶酸（蝶酰谷氨酸）
泛酸	D-泛酸钙
	D-泛酸钠

表 B.1 （续）

营养强化剂	化合物来源
生物素	D-生物素
胆碱	氯化胆碱
	酒石酸氢胆碱
肌醇	肌醇（环己六醇）
铁	硫酸亚铁
	葡萄糖酸亚铁
	柠檬酸铁铵
	富马酸亚铁
	柠檬酸铁
	乳酸亚铁
	氯化高铁血红素
	焦磷酸铁
	铁卟啉
	甘氨酸亚铁
	还原铁
	乙二胺四乙酸铁钠
	羰基铁粉
	碳酸亚铁
	柠檬酸亚铁
	延胡索酸亚铁
	琥珀酸亚铁
	血红素铁
	电解铁
钙	碳酸钙
	葡萄糖酸钙
	柠檬酸钙
	乳酸钙
	L-乳酸钙
	磷酸氢钙
	L-苏糖酸钙
	甘氨酸钙
	天门冬氨酸钙
	柠檬酸苹果酸钙
	醋酸钙（乙酸钙）
	氯化钙
	磷酸三钙（磷酸钙）
	维生素 E 琥珀酸钙
	甘油磷酸钙
	氧化钙
	硫酸钙
	骨粉（超细鲜骨粉）

表 B.1 （续）

营养强化剂	化合物来源
锌	硫酸锌 葡萄糖酸锌 甘氨酸锌 氧化锌 乳酸锌 柠檬酸锌 氯化锌 乙酸锌 碳酸锌
硒	亚硒酸钠 硒酸钠 硒蛋白 富硒食用菌粉 L-硒-甲基硒代半胱氨酸 硒化卡拉胶（仅限用于 14.03.01 含乳饮料） 富硒酵母（仅限用于 14.03.01 含乳饮料）
镁	硫酸镁 氯化镁 氧化镁 碳酸镁 磷酸氢镁 葡萄糖酸镁
铜	硫酸铜 葡萄糖酸铜 柠檬酸铜 碳酸铜
锰	硫酸锰 氯化锰 碳酸锰 柠檬酸锰 葡萄糖酸锰
钾	葡萄糖酸钾 柠檬酸钾 磷酸二氢钾 磷酸氢二钾 氯化钾
磷	磷酸三钙（磷酸钙） 磷酸氢钙
L-赖氨酸	L-盐酸赖氨酸 L-赖氨酸天门冬氨酸盐
牛磺酸	牛磺酸（氨基乙基磺酸）

表 B.1 （续）

营养强化剂	化合物来源
左旋肉碱（L-肉碱）	左旋肉碱（L-肉碱） 左旋肉碱酒石酸盐（L-肉碱酒石酸盐）
γ-亚麻酸	γ-亚麻酸
叶黄素	叶黄素（万寿菊来源）
低聚果糖	低聚果糖（菊苣来源）
1,3-二油酸 2-棕榈酸甘油三酯	1,3-二油酸 2-棕榈酸甘油三酯
花生四烯酸（AA 或 ARA）	花生四烯酸油脂，来源：高山被孢霉（*Mortierella alpina*）
二十二碳六烯酸（DHA）	二十二碳六烯酸油脂，来源：裂壶藻（*Schizochytrium* sp.）、吾肯氏壶藻（*Ulkenia amoeboida*）、寇氏隐甲藻（*Crypthecodinium cohnii*）；金枪鱼油（Tuna oil）
乳铁蛋白	乳铁蛋白
酪蛋白钙肽	酪蛋白钙肽
酪蛋白磷酸肽	酪蛋白磷酸肽

附录 C

允许用于特殊膳食用食品的营养强化剂及化合物来源

C.1 表 C.1 规定了允许用于特殊膳食用食品的营养强化剂及化合物来源。

C.2 表 C.2 规定了仅允许用于部分特殊膳食用食品的其他营养成分及使用量。

表 C.1 允许用于特殊膳食用食品的营养强化剂及化合物来源

营养强化剂	化合物来源
维生素 A	醋酸视黄酯（醋酸维生素 A） 棕榈酸视黄酯（棕榈酸维生素 A） β-胡萝卜素 全反式视黄醇
维生素 D	麦角钙化醇（维生素 D_2） 胆钙化醇（维生素 D_3）
维生素 E	d-α-生育酚 dl-α-生育酚 d-α-醋酸生育酚 dl-α-醋酸生育酚 混合生育酚浓缩物 d-α-琥珀酸生育酚 dl-α-琥珀酸生育酚
维生素 K	植物甲萘醌
维生素 B_1	盐酸硫胺素 硝酸硫胺素
维生素 B_2	核黄素 核黄素-5'-磷酸钠
维生素 B_6	盐酸吡哆醇 5'-磷酸吡哆醛
维生素 B_{12}	氰钴胺 盐酸氰钴胺 羟钴胺
维生素 C	L-抗坏血酸 L-抗坏血酸钠 L-抗坏血酸钙 L-抗坏血酸钾 抗坏血酸-6-棕榈酸盐（抗坏血酸棕榈酸酯）
烟酸（尼克酸）	烟酸 烟酰胺
叶酸	叶酸（蝶酰谷氨酸）
泛酸	D-泛酸钙 D-泛酸钠
生物素	D-生物素

营养强化剂	化合物来源
胆碱	氯化胆碱
	酒石酸氢胆碱
肌醇	肌醇（环己六醇）
钠	碳酸氢钠
	磷酸二氢钠
	柠檬酸钠
	氯化钠
	磷酸氢二钠
钾	葡萄糖酸钾
	柠檬酸钾
	磷酸二氢钾
	磷酸氢二钾
	氯化钾
铜	硫酸铜
	葡萄糖酸铜
	柠檬酸铜
	碳酸铜
镁	硫酸镁
	氯化镁
	氧化镁
	碳酸镁
	磷酸氢镁
	葡萄糖酸镁
铁	硫酸亚铁
	葡萄糖酸亚铁
	柠檬酸铁铵
	富马酸亚铁
	柠檬酸铁
	焦磷酸铁
	乙二胺四乙酸铁钠（仅限用于辅食营养补充品）
锌	硫酸锌
	葡萄糖酸锌
	氧化锌
	乳酸锌
	柠檬酸锌
	氯化锌
	乙酸锌

表 C.1 （续）

营养强化剂	化合物来源
锰	硫酸锰 氯化锰 碳酸锰 柠檬酸锰 葡萄糖酸锰
钙	碳酸钙 葡萄糖酸钙 柠檬酸钙 L-乳酸钙 磷酸氢钙 氯化钙 磷酸三钙（磷酸钙） 甘油磷酸钙 氧化钙 硫酸钙
磷	磷酸三钙（磷酸钙） 磷酸氢钙
碘	碘酸钾 碘化钾 碘化钠
硒	硒酸钠 亚硒酸钠
铬	硫酸铬 氯化铬
钼	钼酸钠 钼酸铵
牛磺酸	牛磺酸（氨基乙基磺酸）
L-蛋氨酸（L-甲硫氨酸）	非动物源性
L-酪氨酸	非动物源性
L-色氨酸	非动物源性
左旋肉碱（L-肉碱）	左旋肉碱（L-肉碱） 左旋肉碱酒石酸盐（L-肉碱酒石酸盐）
二十二碳六烯酸（DHA）	二十二碳六烯酸油脂，来源：裂壶藻（*Schizochytrium* sp）、吾肯氏壶藻（*Ulkenia amoeboida*）、寇氏隐甲藻（*Crypthecodinium cohnii*）；金枪鱼油（Tuna oil）
花生四烯酸（AA 或 ARA）	花生四烯酸油脂，来源：高山被孢霉（*Mortierella alpina*）

表 C.2 仅允许用于部分特殊膳食用食品的其他营养成分及使用量

营养强化剂	食品分类号	食品类别（名称）	使用量 [a]
低聚半乳糖（乳糖来源）	13.01 13.02.01	婴幼儿配方食品 婴幼儿谷类辅助食品	单独或混合使用，该类物质总量不超过 64.5 g/kg
低聚果糖（菊苣来源）			
多聚果糖（菊苣来源）			
棉子糖（甜菜来源）			
聚葡萄糖	13.01	婴幼儿配方食品	15.6 g/kg ～ 31.25 g/kg
1,3-二油酸 2-棕榈酸甘油三酯	13.01.01	婴儿配方食品	32 g/kg ～ 96 g/kg
	13.01.02	较大婴儿和幼儿配方食品	24 g/kg ～ 96 g/kg
	13.01.03	特殊医学用途婴儿配方食品	32 g/kg ～ 96 g/kg
叶黄素（万寿菊来源）	13.01.01	婴儿配方食品	300 μg/kg ～ 2000 μg/kg
	13.01.02	较大婴儿和幼儿配方食品	1620 μg/kg ～ 4230 μg/kg
	13.01.03	特殊医学用途婴儿配方食品	300 μg/kg ～ 2000 μg/kg
二十二碳六烯酸（DHA）	13.02.01	婴幼儿谷类辅助食品	≤1150 mg/kg
花生四烯酸（AA 或 ARA）	13.02.01	婴幼儿谷类辅助食品	≤2300 mg/kg
核苷酸 来源包括以下化合物： 5'单磷酸胞苷（5'-CMP）、 5'单磷酸尿苷（5'-UMP）、 5'单磷酸腺苷（5'-AMP）、 5'-肌苷酸二钠、5'-鸟苷酸二钠、5'-尿苷酸二钠、5'-胞苷酸二钠	13.01	婴幼儿配方食品	0.12 g/kg ～ 0.58 g/kg（以核苷酸总量计）
乳铁蛋白	13.01	婴幼儿配方食品	≤1.0 g/kg
酪蛋白钙肽	13.01	婴幼儿配方食品	≤3.0 g/kg
	13.02	婴幼儿辅助食品	≤3.0 g/kg
酪蛋白磷酸肽	13.01	婴幼儿配方食品	≤3.0 g/kg
	13.02	婴幼儿辅助食品	≤3.0 g/kg

[a] 使用量仅限于粉状产品，在液态产品中使用需按相应的稀释倍数折算。

附录 D
食品类别（名称）说明

食品类别（名称）说明见表 D.1。

表 D.1 食品类别（名称）说明

食品分类号	食品类别（名称）
01.0	乳及乳制品（13.0 特殊膳食用食品涉及品种除外）
01.01	巴氏杀菌乳、灭菌乳和调制乳
01.01.01	巴氏杀菌乳
01.01.02	灭菌乳
01.01.03	调制乳
01.02	发酵乳和风味发酵乳
01.02.01	发酵乳
01.02.02	风味发酵乳
01.03	乳粉其调制产品
01.03.01	乳粉
01.03.02	调制乳粉
01.04	炼乳及其调制产品
01.04.01	淡炼乳
01.04.02	调制炼乳
01.05	稀奶油（淡奶油）及其类似品
01.06	干酪和再制干酪
01.07	以乳为主要配料的即食风味甜点或其预制产品（不包括冰淇淋和调味酸奶）
01.08	其他乳制品（如乳清粉、酪蛋白粉等）
02.0	脂肪，油和乳化脂肪制品
02.01	基本不含水的脂肪和油
02.01.01	植物油脂
02.01.01.01	植物油
02.01.01.02	氢化植物油
02.01.02	动物油脂（包括猪油、牛油、鱼油和其他动物脂肪等）
02.01.03	无水黄油，无水乳脂
02.02	水油状脂肪乳化制品
02.02.01	脂肪含量 80%以上的乳化制品
02.02.01.01	黄油和浓缩黄油
02.02.01.02	人造黄油及其类似制品（如黄油和人造黄油混合品）
02.02.02	脂肪含量 80%以下的乳化制品
02.03	02.02 类以外的脂肪乳化制品，包括混合的和（或）调味的脂肪乳化制品
02.04	脂肪类甜品
02.05	其他油脂或油脂制品
03.0	冷冻饮品
03.01	冰淇淋类、雪糕类
03.02	—

表 D.1 （续）

食品分类号	食品类别（名称）
03.03	风味冰、冰棍类
03.04	食用冰
03.05	其他冷冻饮品
04.0	水果、蔬菜（包括块根类）、豆类、食用菌、藻类、坚果以及籽类等
04.01	水果
04.01.01	新鲜水果
04.01.02	加工水果
04.01.02.01	水果罐头
04.01.02.02	果泥
04.02	蔬菜
04.02.01	新鲜蔬菜
04.02.02	加工蔬菜
04.03	食用菌和藻类
04.03.01	新鲜食用菌和藻类
04.03.02	加工食用菌和藻类
04.04	豆类制品
04.04.01	非发酵豆制品
04.04.01.01	豆腐类
04.04.01.02	豆干类
04.04.01.03	豆干再制品
04.04.01.04	腐竹类（包括腐竹、油皮等）
04.04.01.05	新型豆制品（大豆蛋白膨化食品、大豆素肉等）
04.04.01.06	熟制豆类
04.04.01.07	豆粉、豆浆粉
04.04.01.08	豆浆
04.04.02	发酵豆制品
04.04.02.01	腐乳类
04.04.02.02	豆豉及其制品（包括纳豆）
04.04.03	其他豆制品
04.05	坚果和籽类
04.05.01	新鲜坚果与籽类
04.05.02	加工坚果与籽类
05.0	可可制品、巧克力和巧克力制品（包括代可可脂巧克力及制品）以及糖果
05.01	可可制品、巧克力和巧克力制品,包括代可可脂巧克力及制品
05.01.01	可可制品（包括以可可为主要原料的脂、粉、浆、酱、馅等）
05.01.02	巧克力和巧克力制品（05.01.01 涉及品种除外）
05.01.03	代可可脂巧克力及使用可可代用品的巧克力类似产品
05.02	糖果
05.02.01	胶基糖果
05.02.02	除胶基糖果以外的其他糖果
05.03	糖果和巧克力制品包衣

表 D.1 （续）

食品分类号	食品类别（名称）
05.04	装饰糖果（如，工艺造型，或用于蛋糕装饰）、顶饰（非水果材料）和甜汁
06.0	粮食和粮食制品，包括大米、面粉、杂粮、淀粉等（07.0 焙烤食品涉及品种除外）
06.01	原粮
06.02	大米及其制品
06.02.01	大米
06.02.02	大米制品
06.02.03	米粉（包括汤圆粉等）
06.02.04	米粉制品
06.03	小麦粉及其制品
06.03.01	小麦粉
06.03.02	小麦粉制品
06.04	杂粮粉及其制品
06.04.01	杂粮粉
06.04.02	杂粮制品
06.04.02.01	八宝粥罐头
06.04.02.02	其他杂粮制品
06.05	淀粉及淀粉类制品
06.05.01	食用淀粉
06.05.02	淀粉制品
06.05.02.01	粉丝、粉条
06.05.02.02	虾味片
06.05.02.03	藕粉
06.05.02.04	粉圆
06.06	即食谷物，包括碾轧燕麦（片）
06.07	方便米面制品
06.08	冷冻米面制品
06.09	谷类和淀粉类甜品（如米布丁、木薯布丁）
06.10	粮食制品馅料
07.0	焙烤食品
07.01	面包
07.02	糕点
07.02.01	中式糕点（月饼除外）
07.02.02	西式糕点
07.02.03	月饼
07.02.04	糕点上彩装
07.03	饼干
07.03.01	夹心及装饰类饼干
07.03.02	威化饼干
07.03.03	蛋卷
07.03.04	其他饼干
07.04	焙烤食品馅料及表面用挂浆

特殊医学用途配方食品相关法规标准汇编

表 D.1 （续）

食品分类号	食品类别（名称）
07.05	其他焙烤食品
08.0	肉及肉制品
08.01	生、鲜肉
08.02	预制肉制品
08.03	熟肉制品
08.03.01	酱卤肉制品类
08.03.02	熏、烧、烤肉类
08.03.03	油炸肉类
08.03.04	西式火腿（熏烤、烟熏、蒸煮火腿）类
08.03.05	肉灌肠类
08.03.06	发酵肉制品类
08.03.07	熟肉干制品
08.03.07.01	肉松类
08.03.07.02	肉干类
08.03.07.03	肉脯类
08.03.08	肉罐头类
08.03.09	可食用动物肠衣类
08.03.10	其他肉及肉制品
09.0	水产及其制品（包括鱼类、甲壳类、贝类、软体类、棘皮类等水产及其加工制品等）
09.01	鲜水产
09.02	冷冻水产品及其制品
09.03	预制水产品（半成品）
09.04	熟制水产品（可直接食用）
09.05	水产品罐头
09.06	其他水产品及其制品
10.0	蛋及蛋制品
10.01	鲜蛋
10.02	再制蛋（不改变物理性状）
10.03	蛋制品（改变其物理性状）
10.03.01	脱水蛋制品（如蛋白粉、蛋黄粉、蛋白片）
10.03.02	热凝固蛋制品（如蛋黄酪、松花蛋肠）
10.03.03	冷冻蛋制品（如冰蛋）
10.03.04	液体蛋
10.04	其他蛋制品
11.0	甜味料，包括蜂蜜
11.01	食糖
11.01.01	白糖及白糖制品（如白砂糖、绵白糖、冰糖、方糖等）
11.01.02	其他糖和糖浆（如红糖、赤砂糖、槭树糖浆）
11.02	淀粉糖（果糖、葡萄糖、饴糖、部分转化糖等）
11.03	蜂蜜及花粉
11.04	餐桌甜味料

食品分类号	食品类别（名称）
11.05	调味糖浆
11.06	其他甜味料
12.0	调味品
12.01	盐及代盐制品
12.02	鲜味剂和助鲜剂
12.03	醋
12.04	酱油
12.05	酱及酱制品
12.06	—
12.07	料酒及制品
12.08	—
12.09	香辛料类
12.10	复合调味料
12.10.01	固体复合调味料
12.10.02	半固体复合调味料
12.10.03	液体复合调味料（12.03，12.04 中涉及品种除外）
12.11	其他调味料
13.0	特殊膳食用食品
13.01	婴幼儿配方食品
13.01.01	婴儿配方食品
13.01.02	较大婴儿和幼儿配方食品
13.01.03	特殊医学用途婴儿配方食品
13.02	婴幼儿辅助食品
13.02.01	婴幼儿谷类辅助食品
13.02.02	婴幼儿罐装辅助食品
13.03	特殊医学用途配方食品（13.01 中涉及品种除外）
13.04	低能量配方食品
13.05	除 13.01~13.04 外的其他特殊膳食用食品
14.0	饮料类
14.01	包装饮用水类
14.02	果蔬汁类
14.02.01	果蔬汁（浆）
14.02.02	浓缩果蔬汁（浆）
14.02.03	果蔬汁（肉）饮料（包括发酵型产品等）
14.03	蛋白饮料类
14.03.01	含乳饮料
14.03.02	植物蛋白饮料
14.03.03	复合蛋白饮料
14.04	水基调味饮料类
14.04.01	碳酸饮料
14.04.02	非碳酸饮料

表 D.1 （续）

食品分类号	食品类别（名称）
14.04.02.01	特殊用途饮料（包括运动饮料、营养素饮料等）
14.04.02.02	风味饮料（包括果味、乳味、茶味、咖啡味及其他味饮料等）
14.05	茶、咖啡、植物饮料类
14.05.01	茶饮料类
14.05.02	咖啡饮料类
14.05.03	植物饮料类（包括可可饮料、谷物饮料等）
14.06	固体饮料类
14.06.01	果香型固体饮料
14.06.02	蛋白型固体饮料
14.06.03	速溶咖啡
14.06.04	其他固体饮料
14.07	—
14.08	其他饮料类
15.0	酒类
15.01	蒸馏酒
15.02	配制酒
15.03	发酵酒
16.0	其他类（01.0～15.0 中涉及品种除外）
16.01	果冻
16.02	茶叶、咖啡
16.03	胶原蛋白肠衣
16.04	酵母及酵母类制品
16.05	—
16.06	膨化食品
16.07	其他

中华人民共和国国家标准

GB 29922—2013

食品安全国家标准

特殊医学用途配方食品通则

2013-12-26 发布

2014-07-01 实施

中华人民共和国
国家卫生和计划生育委员会 发布

食品安全国家标准

特殊医学用途配方食品通则

1 范围

本标准适用于 1 岁以上人群的特殊医学用途配方食品。

2 术语和定义

2.1 特殊医学用途配方食品

为了满足进食受限、消化吸收障碍、代谢紊乱或特定疾病状态人群对营养素或膳食的特殊需要，专门加工配制而成的配方食品。该类产品必须在医生或临床营养师指导下，单独食用或与其他食品配合食用。

2.1.1 全营养配方食品

可作为单一营养来源满足目标人群营养需求的特殊医学用途配方食品。

2.1.2 特定全营养配方食品

可作为单一营养来源能够满足目标人群在特定疾病或医学状况下营养需求的特殊医学用途配方食品。

2.1.3 非全营养配方食品

可满足目标人群部分营养需求的特殊医学用途配方食品，不适用于作为单一营养来源。

3 技术要求

3.1 基本要求

特殊医学用途配方食品的配方应以医学和（或）营养学的研究结果为依据，其安全性及临床应用（效果）均需要经过科学证实。

特殊医学用途配方食品的生产条件应符合国家有关规定。

3.2 原料要求

特殊医学用途配方食品中所使用的原料应符合相应的标准和（或）相关规定，禁止使用危害食用者健康的物质。

3.3 感官要求

特殊医学用途配方食品的色泽、滋味、气味、组织状态、冲调性应符合相应产品的特性，不应有正常视力可见的外来异物。

3.4 营养成分

3.4.1 适用于1～10岁人群的全营养配方食品

3.4.1.1 适用于1～10岁人群的全营养配方食品每100 mL（液态产品或可冲调为液体的产品在即食状态下）或每100 g（直接食用的非液态产品）所含有的能量应不低于250 kJ (60 kcal)。能量的计算按每100 mL或每100 g产品中蛋白质、脂肪、碳水化合物的含量乘以各自相应的能量系数17 kJ/g、37 kJ/g、17 kJ/g（膳食纤维的能量系数，按照碳水化合物能量系数的50%计算），所得之和为kJ/100mL或kJ/100g值，再除以4.184为kcal/100mL或kcal/100g值。

3.4.1.2 适用于1～10岁人群的全营养配方食品中蛋白质的含量应不低于0.5g/100kJ（2g/100kcal），其中优质蛋白质所占比例不少于50%。蛋白质的检验方法参照GB 5009.5。

3.4.1.3 适用于1～10岁人群的全营养配方食品中亚油酸供能比应不低于2.5%；α-亚麻酸供能比应不低于0.4%。脂肪酸的检验方法参照GB 5413.27。

3.4.1.4 适用于1～10岁人群的全营养配方食品中维生素和矿物质的含量应符合表1的规定。

3.4.1.5 除表1中规定的成分外，如果在产品中选择添加或标签标示含有表2中一种或多种成分，其含量应符合表2的规定。

表1 维生素和矿物质指标 （1～10岁人群）

营养素	每100 kJ		每100 kcal		检验方法
	最小值	最大值	最小值	最大值	
维生素 A/(μg RE) [a]	17.9	53.8	75.0	225.0	GB 5413.9 或 GB/T 5009.82
维生素 D/(μg) [b]	0.25	0.75	1.05	3.14	GB 5413.9
维生素 E/(mg α-TE) [c]	0.15	N.S. [e]	0.63	N.S.	GB 5413.9 或 GB/T 5009.82
维生素 K$_1$ /(μg)	1	N.S.	4	N.S.	GB 5413.10 或 GB/T 5009.158
维生素 B$_1$/(mg)	0.01	N.S.	0.05	N.S.	GB 5413.11 或 GB/T 5009.84
维生素 B$_2$/(mg)	0.01	N.S.	0.05	N.S.	GB 5413.12
维生素 B$_6$ /(mg)	0.01	N.S.	0.05	N.S.	GB 5413.13 或 GB/T 5009.154
维生素 B$_{12}$/(μg)	0.04	N.S.	0.17	N.S.	GB 5413.14
烟酸（烟酰胺）/(mg) [d]	0.11	N.S.	0.46	N.S.	GB 5413.15 或 GB/T 5009.89
叶酸/(μg)	1.0	N.S.	4.0	N.S.	GB 5413.16 或 GB/T 5009.211
泛酸/(mg)	0.07	N.S.	0.29	N.S.	GB 5413.17 或 GB/T 5009.210
维生素 C/(mg)	1.8	N.S.	7.5	N.S.	GB 5413.18
生物素/(μg)	0.4	N.S.	1.7	N.S.	GB 5413.19
钠/(mg)	5	20	21	84	GB 5413.21 或 GB/T 5009.91
钾/(mg)	18	69	75	289	GB 5413.21 或 GB/T 5009.91
铜/(μg)	7	35	29	146	GB 5413.21 或 GB/T 5009.13
镁/(mg)	1.4	N.S.	5.9	N.S.	GB 5413.21 或 GB/T 5009.90
铁/(mg)	0.25	0.50	1.05	2.09	GB 5413.21 或 GB/T 5009.90
锌/(mg)	0.1	0.4	0.4	1.5	GB 5413.21 或 GB/T 5009.14
锰/(μg)	0.3	24.0	1.1	100.4	GB 5413.21 或 GB/T 5009.90
钙/(mg)	17	N.S.	71	N.S.	GB 5413.21 或 GB/T 5009.92

表1 （续）

营养素	每100 kJ		每100 kcal		检验方法
	最小值	最大值	最小值	最大值	
磷/(mg)	8.3	46.2	34.7	193.5	GB 5413.22 或 GB/T 5009.87
碘/(μg)	1.4	N.S.	5.9	N.S.	GB 5413.23
氯/(mg)	N.S.	52	N.S.	218	GB 5413.24
硒/(μg)	0.5	2.9	2.0	12.0	GB 5009.93

a RE为视黄醇当量。1 μg RE =3.33 IU 维生素A=1μg全反式视黄醇（维生素A）。维生素A只包括预先形成的视黄醇，在计算和声称维生素A活性时不包括任何的类胡萝卜素组分。

b 钙化醇，1μg维生素D=40 IU维生素D。

c 1 mg α-TE (α-生育酚当量)=1 mg d-α–生育酚。

d 烟酸不包括前体形式。

e N.S.为没有特别说明。

表2 可选择性成分指标 （1～10岁人群）

可选择性成分 a	每100 kJ		每100 kcal		检验方法
	最小值	最大值	最小值	最大值	
铬/(μg)	0.4	5.7	1.8	24.0	GB/T 5009.123
钼/(μg)	1.2	5.7	5.0	24.0	—
氟/(mg)	N.S.b	0.05	N.S.	0.20	GB/T 5009.18
胆碱/(mg)	1.7	19.1	7.1	80.0	GB/T 5413.20
肌醇/(mg)	1.0	9.5	4.2	39.7	GB 5413.25
牛磺酸/(mg)	N.S.	3.1	N.S.	13.0	GB 5413.26 或 GB/T 5009.169
左旋肉碱/(mg)	0.3	N.S	1.3	N.S.	—
二十二碳六稀酸（%总脂肪酸c）	N.S·	0.5	N.S.	0.5	GB 5413.27 或 GB/T 5009.168
二十碳四烯酸（%总脂肪酸c）	N.S.	1	N.S.	1	GB 5413.27
核苷酸/(mg)	0.5	N.S	2.0	N.S.	—
膳食纤维/(g)	N.S.	0.7	N.S.	2.7	GB 5413.6 或 GB/T 5009.88

a 氟的化合物来源为氟化钠和氟化钾，核苷酸和膳食纤维来源参考GB 14880表C.2中允许使用的来源，其他成分的化合物来源参考GB 14880。

b N.S.为没有特别说明。

c 总脂肪酸指C4-C24脂肪酸的总和。

3.4.2 适用于10岁以上人群的全营养配方食品

3.4.2.1 适用于10岁以上人群的全营养配方食品每100 mL（液态产品或可冲调为液体的产品在即食状态下）或每100 g（直接食用的非液态产品）所含有的能量应不低于295 kJ (70 kcal)。能量的计算按每100 mL或每100 g产品中蛋白质、脂肪、碳水化合物的含量乘以各自相应的能量系数17 kJ/g、37 kJ/g、17 kJ/g（膳食纤维的能量系数，按照碳水化合物能量系数的50%计算），所得之和为kJ/100mL 或 kJ/100g 值，再除以4.184为kcal/100mL 或 kcal/100g 值。

3.4.2.2 适用于10岁以上人群的全营养配方食品所含蛋白质的含量应不低于 0.7g/100kJ（3g/100kcal），其中优质蛋白质所占比例不少于50%。蛋白质的检验方法参照 GB 5009.5。

3.4.2.3 适用于 10 岁以上人群的全营养配方食品中亚油酸供能比应不低于 2.0%；α-亚麻酸供能比应不低于 0.5%。脂肪酸的检验方法参照 GB 5413.27。

3.4.2.4 适用于 10 岁以上人群的全营养配方食品所含的维生素和矿物质的含量应符合表 3 的规定。

3.4.2.5 除表 3 中规定的成分外，如果在产品中选择添加或标签标示含有表 4 的一种或多种成分，其含量应符合表 4 的规定。

表 3 维生素和矿物质指标（10 岁以上人群）

营养素	每 100kJ		每 100kcal		检验方法
	最小值	最大值	最小值	最大值	
维生素 A/(μg RE) [a]	9.3	53.8	39.0	225.0	GB 5413.9 或 GB/T 5009.82
维生素 D/(μg) [b]	0.19	0.75	0.80	3.14	GB 5413.9
维生素 E/(mg α-TE) [c]	0.19	N.S. [e]	0.80	N.S.	GB 5413.9 或 GB/T 5009.82
维生素 K_1/(μg)	1.05	N.S.	4.40	N.S.	GB 5413.10 或 GB/T 5009.158
维生素 B_1/(mg)	0.02	N.S.	0.07	N.S.	GB 5413.11 或 GB/T 5009.84
维生素 B_2/(mg)	0.02	N.S.	0.07	N.S.	GB 5413.12
维生素 B_6/(mg)	0.02	N.S.	0.07	N.S.	GB 5413.13 或 GB/T 5009.154
维生素 B_{12}/(μg)	0.03	N.S.	0.13	N.S.	GB 5413.14
烟酸（烟酰胺）/(mg) [d]	0.05	N.S.	0.20	N.S.	GB 5413.15 或 GB/T 5009.89
叶酸/(μg)	5.3	N.S.	22.2	N.S.	GB 5413.16 或 GB/T 5009.211
泛酸/(mg)	0.07	N.S.	0.29	N.S.	GB 5413.17 或 GB/T 5009.210
维生素 C/(mg)	1.3	N.S.	5.6	N.S.	GB 5413.18
生物素/(μg)	0.5	N.S.	2.2	N.S.	GB 5413.19
钠/(mg)	20	N.S.	83	N.S.	GB 5413.21 或 GB/T 5009.91
钾/(mg)	27	N.S.	111	N.S.	GB 5413.21 或 GB/T 5009.91
铜/(μg)	11	120	44	500	GB 5413.21 或 GB/T 5009.13
镁/(mg)	4.4	N.S.	18.3	N.S.	GB 5413.21 或 GB/T 5009.90
铁/(mg)	0.20	0.55	0.83	2.30	GB 5413.21 或 GB/T 5009.90
锌/(mg)	0.1	0.5	0.4	2.2	GB 5413.21 或 GB/T 5009.14
锰/(μg)	6.0	146.0	25.0	611.0	GB 5413.21 或 GB/T 5009.90
钙/(mg)	13	N.S.	56	N.S.	GB 5413.21 或 GB/T 5009.92
磷/(mg)	9.6	N.S.	40.0	N.S.	GB 5413.22 或 GB/T 5009.87
碘/(μg)	1.6	N.S.	6.7	N.S.	GB 5413.23
氯/(mg)	N.S.	52	N.S.	218	GB 5413.24
硒/(μg)	0.8	5.3	3.3	22.2	GB 5009.93

[a] RE 为视黄醇当量。1 μg RE =3.33 IU 维生素A=1μg 全反式视黄醇（维生素A）。维生素A只包括预先形成的视黄醇，在计算和声称维生素A活性时不包括任何的类胡萝卜素组分。

[b] 钙化醇，1μg 维生素 D=40 IU 维生素 D。

[c] 1 mg α-TE (α-生育酚当量)=1 mg d-α-生育酚。

[d] 烟酸不包括前体形式。

[e] N.S.为没有特别说明。

表4　可选择性成分指标　（10岁以上人群）

可选择性成分 [a]	每100 kJ		每100 kcal		检验方法
	最小值	最大值	最小值	最大值	
铬/(μg)	0.4	13.3	1.8	55.6	GB/T 5009.123
钼/(μg)	1.3	12.0	5.6	50.0	—
氟/(mg)	N.S[b].	0.05	N.S	0.20	GB/T 5009.18
胆碱/(mg)	5.3	39.8	22.2	166.7	GB/T5413.20
肌醇/(mg)	1.0	33.5	4.2	140.0	GB 5413.25
牛磺酸/(mg)	N.S.	4.8	N.S.	20.0	GB 5413.26 或 GB/T 5009.169
左旋肉碱/(mg)	0.3	N.S.	1.3	N.S.	—
核苷酸/(mg)	0.5	N.S.	2.0.	N.S.	—
膳食纤维/(g)	N.S.	0.7	N.S.	2.7	GB 5413.6 或 GB/T 5009.88
[a] 氟的化合物来源为氟化钠和氟化钾，核苷酸和膳食纤维来源参考 GB 14880 表 C.2 中允许使用的来源，其他成分的化合物来源参考 GB 14880。					
[b] N.S.为没有特别说明。					

3.4.3　特定全营养配方食品

特定全营养配方食品的能量和营养成分含量应以 3.4.1 或 3.4.2 全营养配方食品为基础，但可依据疾病或医学状况对营养素的特殊要求适当调整，以满足目标人群的营养需求。常见的特定全营养配方食品见附录 A。

3.4.4　非全营养配方食品

常见的非全营养配方食品主要包括营养素组件、电解质配方、增稠组件、流质配方和氨基酸代谢障碍配方等。各类产品的技术指标应符合表 5 的要求。由于该类产品不能作为单一营养来源满足目标人群的营养需求，需要与其他食品配合使用，故对营养素含量不作要求。非全营养特殊医学用途配方食品应在医生或临床营养师的指导下，按照患者个体的特殊状况或需求而使用。

表5 常见非全营养配方食品的主要技术要求

产品类别		配方主要技术要求
营养素组件	蛋白质（氨基酸）组件	1. 由蛋白质和（或）氨基酸构成； 2. 蛋白质来源可选择一种或多种氨基酸、蛋白质水解物、肽类或优质的整蛋白。
	脂肪（脂肪酸）组件	1. 由脂肪和（或）脂肪酸构成； 2. 可以选用长链甘油三酯（LCT）、中链甘油三酯（MCT）或其他法律法规批准的脂肪（酸）来源。
	碳水化合物组件	1. 由碳水化合物构成； 2. 碳水化合物来源可选用单糖、双糖、低聚糖或多糖、麦芽糊精、葡萄糖聚合物或其他法律法规批准的原料。
电解质配方		1. 以碳水化合物为基础； 2. 添加适量电解质。
增稠组件		1. 以碳水化合物为基础； 2. 添加一种或多种增稠剂； 3. 可添加膳食纤维。
流质配方		1. 以碳水化合物和蛋白质为基础； 2. 可添加多种维生素和矿物质； 3. 可添加膳食纤维。
氨基酸代谢障碍配方		1. 以氨基酸为主要原料，但不含或仅含少量与代谢障碍有关的氨基酸。常见的氨基酸代谢障碍配方食品中应限制的氨基酸种类及含量要求见表6； 2. 添加适量的脂肪、碳水化合物、维生素、矿物质和（或）其他成分； 3. 满足患者部分蛋白质（氨基酸）需求的同时，应满足患者对部分维生素及矿物质的需求。

表6 常见的氨基酸代谢障碍配方食品中应限制的氨基酸种类及含量

常见的氨基酸代谢障碍	配方食品中应限制的氨基酸种类	配方食品中应限制的氨基酸含量 mg/g 蛋白质等同物
苯丙酮尿症	苯丙氨酸	≤1.5
枫糖尿症	亮氨酸、异亮氨酸、缬氨酸	≤1.5 [a]
丙酸血症/ 甲基丙二酸血症	蛋氨酸、苏氨酸、缬氨酸	≤1.5 [a]
	异亮氨酸	≤5
酪氨酸血症	苯丙氨酸、酪氨酸	≤1.5[a]
高胱氨酸尿症	蛋氨酸	≤1.5
戊二酸血症I 型	赖氨酸	≤1.5
	色氨酸	≤8
异戊酸血症	亮氨酸	≤1.5
尿素循环障碍	非必需氨基酸（丙氨酸、精氨酸、天冬氨酸、天冬酰胺、谷氨酸、谷氨酰胺、甘氨酸、脯氨酸、丝氨酸）	≤1.5[a]
[a] 指单一氨基酸含量。		

3.5 污染物限量

污染物限量应符合表 7 的规定。

表 7 污染物限量（以固态产品计）

项 目		指 标		检验方法
铅/（mg/kg）	≤	0.15	0.5[a]	GB 5009.12
硝酸盐(以 NaNO$_3$ 计)/（mg/kg）[b]	≤	100		GB 5009.33
亚硝酸盐(以 NaNO$_2$ 计)/（mg/kg）[c]	≤	2		
[a] 仅适用于 10 岁以上人群的产品。				
[b] 不适用于添加蔬菜和水果的产品。				
[c] 仅适用于乳基产品（不含豆类成分）。				

3.6 真菌毒素限量

真菌毒素限量应符合表 8 的规定。

表 8 真菌毒素限量（以固态产品计）

项 目		指 标	检验方法
黄曲霉毒素 M$_1$（μg/kg）[a]	≤	0.5	GB 5009.24
黄曲霉毒素 B$_1$（μg/kg）[b]	≤	0.5	
[a] 仅适用于以乳类及乳蛋白制品为主要原料的产品。			
[b] 仅适用于以豆类及大豆蛋白制品为主要原料的产品。			

3.7 微生物限量

固态特殊医学用途配方食品的微生物限量应符合表 9 的规定，液态特殊医学用途配方食品的微生物指标应符合商业无菌的要求，按 GB/T 4789.26 规定的方法检验。

表 9 微生物限量

项 目	采样方案[a] 及限量（若非指定，均以CFU/g 表示）				检验方法
	n	c	m	M	
菌落总数[b,c]	5	2	1000	10000	GB 4789.2
大肠菌群	5	2	10	100	GB 4789.3 平板计数法
沙门氏菌	5	0	0/25g	—	GB 4789.4
金黄色葡萄球菌	5	2	10	100	GB 4789.10 平板计数法
[a] 样品的分析及处理按 GB 4789.1执行。					
[b] 不适用于添加活性菌种（好氧和兼性厌氧益生菌）的产品[产品中活性益生菌的活菌数应≥10^6 CFU/g（mL）]。					
[c] 仅适用于1～10岁人群的产品。					

3.8 食品添加剂和营养强化剂

3.8.1 适用于1～10岁人群的产品中食品添加剂的使用可参照GB 2760婴幼儿配方食品中允许的添加剂种类和使用量，适用于10岁以上人群的产品中食品添加剂的使用可参照GB 2760中相同或相近产品中允许使用的添加剂种类和使用量。

3.8.2 营养强化剂的使用应符合GB 14880的规定。

3.8.3 食品添加剂和营养强化剂的质量规格应符合相应的标准和有关规定。

3.8.4 根据所使用人群的特殊营养需求,可在特殊医学用途食品中选择添加一种或几种氨基酸,所使用的氨基酸来源应符合附录B和(或)GB 14880的规定。

3.8.5 如果在特殊医学用途配方食品中添加其他物质,应符合国家相关规定。

4 其他

4.1 标签

4.1.1 产品标签应符合GB 13432的规定。营养素和可选择成分含量标识应增加"每100千焦(/100kJ)"含量的标示。

4.1.2 标签中应对产品的配方特点或营养学特征进行描述,并应标示产品的类别和适用人群,同时还应标示"不适用于非目标人群使用"。

4.1.3 标签中应在醒目位置标示"请在医生或临床营养师指导下使用"。

4.1.4 标签中应标示"本品禁止用于肠外营养支持和静脉注射"。

4.2 使用说明

4.2.1 有关产品使用、配制指导说明及图解、贮存条件应在标签上明确说明。当包装最大表面积小于100 cm² 或产品质量小于100 g时,可不标示图解。

4.2.2 指导说明应对配制不当和使用不当可能引起的健康危害给予警示说明。

4.3 包装

可以使用食品级和(或)纯度≥99.9%的二氧化碳和(或)氮气作为包装介质。

附录A

常见特定全营养配方食品

A.1 糖尿病全营养配方食品。

A.2 呼吸系统疾病全营养配方食品。

A.3 肾病全营养配方食品。

A.4 肿瘤全营养配方食品。

A.5 肝病全营养配方食品。

A.6 肌肉衰减综合症全营养配方食品。

A.7 创伤、感染、手术及其他应激状态全营养配方食品。

A.8 炎性肠病全营养配方食品。

A.9 食物蛋白过敏全营养配方食品。

A.10 难治性癫痫全营养配方食品。

A.11 胃肠道吸收障碍、胰腺炎全营养配方食品。

A.12 脂肪酸代谢异常全营养配方食品。

A.13 肥胖、减脂手术全营养配方食品。

附录 B

可用于特殊医学用途配方食品的氨基酸

可用于特殊医学用途配方食品的氨基酸见表B.1。

表 B.1 可用于特殊医学用途配方食品的氨基酸

序号	氨基酸 a,b	化合物来源	化学名称	分子式	分子量	比旋光度 [α]D,20℃	pH	纯度 % ≥	水分 % ≤	灰分 % ≤	铅 mg/kg ≤	砷 mg/kg ≤
1	天冬氨酸	L-天冬氨酸	L-氨基丁二酸	$C_4H_7NO_4$	133.1	+24.5~+26.0	2.5~3.5	98.5	0.2	0.1	0.3	0.2
		L-天冬氨酸镁	L-氨基丁二酸镁	$2(C_4H_6NO_4)Mg$	288.49	+20.5~+23.0	—	98.5	0.2	0.1	0.3	0.2
2	苏氨酸	L-苏氨酸	L-2-氨基-3-羟基丁酸	$C_4H_9NO_3$	119.12	-26.5~-29.0	5.0~6.5	98.5	0.2	0.1	0.3	0.2
3	丝氨酸	L-丝氨酸	L-2-氨基-3-羟基丙酸	$C_3H_7NO_3$	105.09	+13.6~+16.0	5.5~6.5	98.5	0.2	0.1	0.3	0.2
4	谷氨酸	L-谷氨酸	α-氨基戊二酸	$C_5H_9NO_4$	147.13	+31.5~+32.5	3.2	98.5	0.2	0.1	0.3	0.2
		L-谷氨酸钾	α-氨基戊二酸钾	$C_5H_8KNO_4·H_2O$	203.24	+22.5~+24.0	—	98.5	0.2	0.1	0.3	0.2
		L-谷氨酸钙	α-氨基戊二酸钙	$C_{10}H_{16}CaN_2O_8·4H_2O$	404.39	+27.4~+29.2	6.6~7.3	98.5	0.2	0.1	0.3	0.2
5	谷氨酰胺	L-谷氨酰胺	2-氨基-4-酰胺基丁酸	$C_5H_{10}N_2O_3$	146.15	+6.3~+7.3	—	98.5	0.2	0.1	0.3	0.2
6	脯氨酸	L-脯氨酸	吡咯烷-2-羧酸	$C_5H_9NO_2$	115.13	-84.0~-86.3	5.9~6.9	98.5	0.2	0.1	0.3	0.2
7	甘氨酸	甘氨酸	氨基乙酸	$C_2H_5NO_2$	75.07	—	5.6~6.6	98.5	0.2	0.1	0.3	0.2
8	丙氨酸	L-丙氨酸	L-2-氨基丙酸	$C_3H_7NO_2$	89.09	+13.5~+15.5	5.5~7.0	98.5	0.2	0.1	0.3	0.2
9	胱氨酸	L-胱氨酸	L-3,3'-二硫双（2-氨基丙酸）	$C_6H_{12}N_2O_4S_2$	240.3	-215~-225	5.0~6.5	98.5	0.2	0.1	0.3	0.2
		L-半胱氨酸	L-α-氨基-β-巯基丙酸	$C_3H_7NO_2S$	121.16	+8.3~+9.5	4.5~5.5	98.5	0.2	0.1	0.3	0.2
		L-盐酸半胱氨酸	L-2-氨基-3-巯基丙酸盐酸盐	$C_3H_7NO_2S·HCl·H_2O$	175.63	+5.0~+8.0	—	98.5	0.2^b	0.1	0.3	0.2
		N-乙酰基-L-半胱氨酸	N-乙酰基-L-α-氨基-β-巯基丙酸	$C_5H_9NO_3S$	163.20	+21~+27	2.0~2.8	98.0	0.2	0.1	—	—
10	缬氨酸	L-缬氨酸	L-2-氨基-3-甲基丁酸	$C_5H_{11}NO_2$	117.15	+26.7~+29.0	5.5~7.0	98.5	0.2	0.1	0.3	0.2

表 B.1 （续）

序号	氨基酸 a,b	化合物来源	化学名称	分子式	分子量	比旋光度 [α]D,20℃	pH	纯度 % ≥	水分 % ≤	灰分 % ≤	铅 mg/kg ≤	砷 mg/kg ≤
11	蛋氨酸	L-蛋氨酸	2-氨基-4-甲硫基丁酸	$C_6H_{11}NO_2S$	149.21	+21.0~+25.0	5.6-6.1	98.5	0.2	0.1	0.3	0.2
		N-乙酰基-L-甲硫氨酸	N-乙酰-2-氨基-4-甲硫基丁酸	$C_7H_{13}NO_3S$	191.25	-18.0~-22.0	—	98.5	0.2	0.1	0.3	0.2
12	亮氨酸	L-亮氨酸	L-2-氨基-4-甲基戊酸	$C_6H_{13}NO_2$	131.17	+14.5~+16.5	5.5-6.5	98.5	0.2	0.1	0.3	0.2
13	异亮氨酸	L-异亮氨酸	L-2-氨基-3-甲基戊酸	$C_6H_{13}NO_2$	131.17	+38.6~+41.5	5.5-7.0	98.5	0.2	0.1	0.3	0.2
14	酪氨酸	L-酪氨酸	S-氨基-3-(4-羟基苯基)-丙酸	$C_9H_{11}NO_3$	181.19	-11.0~-12.3	—	98.5	0.2	0.1	0.3	0.2
15	苯丙氨酸	L-苯丙氨酸	L-2-氨基-3-苯丙酸	$C_9H_{11}NO_2$	165.19	-33.2~-35.2	5.4-6.0	98.5	0.2	0.1	0.3	0.2
16	赖氨酸	L-盐酸赖氨酸	L-2,6-二氨基己酸盐酸盐	$C_6H_{14}N_2O_2·HCl$	182.65	+20.3~+21.5	5.0-6.0	98.5	0.2	0.1	0.3	0.2
		L-赖氨酸醋酸盐	L-2,6-二氨基己酸醋酸盐	$C_6H_{14}N_2O_2·C_2H_4O_2$	206.24	+8.5~+10.0	6.5-7.5	98.5	0.2	0.1	0.3	0.2
		L-赖氨酸	L-2,6-二氨基己酸	$C_6H_{14}N_2O_2·H_2O$	164.2	+25.5~+27.0	9.0~10.5	98.5	0.2	0.1	0.3	0.2
		L-赖氨酸-L-谷氨酸	L-2,6-二氨基己酸 α-氨基戊二酸盐	$C_{11}H_{23}N_3O_6·2H_2O$	329.35	+27.5~+29.5	6.0-7.5	98.0	0.2	0.1	0.3	0.2
		L-赖氨酸-天冬氨酸	L-2,6-二氨基己酸 L-氨基丁二酸盐	$C_{10}H_{21}N_3O_6$	279.30	+24.0~+26.5	5.0-7.0	98.0	0.2	0.1	0.3	0.2
17	精氨酸	L-精氨酸	L-2-氨基-5-胍基戊酸	$C_6H_{14}N_4O_2$	174.2	+26.0~+27.9	10.5-12.0	98.5	0.2	0.1	0.3	0.2
		L-盐酸精氨酸	L-2-氨基-5-胍基戊酸盐酸盐	$C_6H_{14}N_4O_2·HCl$	210.66	+21.3~+23.5	—	98.5	0.2	0.1	0.3	0.2
		L-精氨酸-天冬氨酸	L-2-氨基-5-胍基戊酸-L-氨基丁二酸	$C_{10}H_{21}N_5O_6$	307.31	+25.0~+27.0	6.0-7.0	98.5	0.2	0.1	0.3	0.2

表 B.1（续）

序号	氨基酸 a,b	化合物来源	化学名称	分子式	分子量	比旋光度 $[\alpha]D,20℃$	pH	纯度 % ≥	水分 % ≤	灰分 % ≤	铅 mg/kg ≤	砷 mg/kg ≤
18	组氨酸	L-组氨酸	α-氨基 β-咪唑基丙酸	$C_6H_9N_3O_2$	155.15	+11.5~+13.5	7.0~8.5	98.5	0.2	0.1	0.3	0.2
		L-盐酸组氨酸	L-2-氨基-3-咪唑基丙酸盐酸盐	$C_6H_9N_3O_2·HCl·H_2O$	209.63	+8.5~+10.5	—	98.5	0.2	0.1	0.3	0.2
19	色氨酸	L-色氨酸	L-2-氨基-3-吲哚基-1-丙酸	$C_{11}H_{12}N_2O_2$	204.23	-30.0~33.0	5.5~7.0	98.5	0.2	0.1	0.3	0.2
20	瓜氨酸	L-瓜氨酸	L-2-氨基-5-脲戊酸	$C_6H_{13}N_3O_3$	175.19	+24.5~+26.5	5.7~6.7	98.5	0.2	0.1	0.3	0.2
21	鸟氨酸	L-盐酸鸟氨酸	2,5-二氨基戊酸 单盐酸盐	$C_5H_{12}N_2O_2·HCl$	168.62	+23.0~+25.0	5.0~6.0	98.5	0.2	0.1	0.3	0.2

a 不得使用非食用的动植物水解原料作为单体氨基酸的来源。

b 只要适用，无论是氨基酸的游离状态、含水或不含水合状态，以及氨基酸的盐酸化合物，钠盐和钾盐均可使用。

中华人民共和国国家标准

GB 29923—2013

食品安全国家标准

特殊医学用途配方食品良好生产规范

2013-12-26 发布　　　　　　　　　　　　　2015-01-01 实施

中华人民共和国
国家卫生和计划生育委员会　发布

食品安全国家标准
特殊医学用途配方食品良好生产规范

1 范围

本标准规定了特殊医学用途配方食品生产过程中原料采购、加工、包装、贮存和运输等环节的场所、设施、人员的基本要求和管理准则。

本标准适用于特殊医学用途配方食品（包括特殊医学用途婴儿配方食品）的生产企业。

2 术语和定义

GB 14881《食品安全国家标准 食品生产通用卫生规范》规定的以及下列术语和定义适用于本标准。

2.1 特殊医学用途配方食品

为了满足进食受限、消化吸收障碍、代谢紊乱或特定疾病状态人群对营养素或膳食的特殊需要，专门加工配制而成的配方食品。该类产品应在医生或临床营养师指导下，单独食用或与其他食品配合食用。特殊医学用途配方食品的配方应以医学和（或）营养学的研究结果为依据，其安全性及临床应用（效果）均应经过科学证实。

2.2 清洁作业区

清洁度要求高的作业区域，如液态产品的与空气环境接触的工序（如称量、配料）、灌装间等，粉状产品的裸露待包装的半成品贮存、充填及内包装车间等。

2.3 准清洁作业区

清洁度要求低于清洁作业区的作业区域，如原辅料预处理车间等。

2.4 一般作业区

清洁度要求低于准清洁作业区的作业区域，如收乳间、原料仓库、包装材料仓库、外包装车间及成品仓库等。

2.5 商业无菌

产品经过适度的杀菌后，不含有致病性微生物，也不含有在常温下能在其中繁殖的非致病性微生物的状态。

2.6 无菌灌装

在无菌环境中将经过杀菌达到商业无菌的食品装入预杀菌的容器（含盖）后封口的过程。

3 选址及厂区环境

应符合GB 14881的相关规定。

4 厂房和车间

4.1 设计和布局

4.1.1 应符合GB 14881的相关规定。

4.1.2 厂房和车间应合理设计，建造和规划与生产相适应的相关设施和设备，以防止微生物孳生及污染，特别是应防止沙门氏菌的污染，对于适用于婴幼儿的产品，还应特别防止阪崎肠杆菌（*Cronobacter*属）的污染，同时避免或尽量减少这些细菌在藏匿地的存在或繁殖，设计中应考虑：

　　a) 湿区域和干燥区域应分隔，应有效控制人员、设备和物料流动造成的交叉污染；

　　b) 加工材料应合理堆放，避免因不当堆积产生不利于清洁的场所；

　　c) 应做好穿越建筑物楼板、天花板和墙面的各类管道、电缆与穿孔间隙间的围封和密封；

　　d) 湿式清洁流程应设计合理，在干燥区域应防止不当的湿式清洁流程致使微生物的产生与传播；

　　e) 应设置适当的设施或采用适当措施保持干燥，避免产生和及时清除水残余物，以防止相关微生物的增长和扩散。

4.1.3 应按照生产工艺和卫生、质量要求，划分作业区洁净级别，原则上分为一般作业区、准清洁作业区和清洁作业区。

4.1.4 对于无后续灭菌操作的干加工区域的操作，应在清洁作业区进行，如从干燥（或干燥后）工序至充填和密封包装的操作。

4.1.5 不同洁净级别的作业区域之间应设置有效的分隔。清洁作业区应安装具有过滤装置的独立的空气净化系统，并保持正压，防止未净化的空气进入清洁作业区而造成交叉污染。

4.1.6 对于出入清洁作业区应有合理的限制和控制措施，以避免或减少微生物污染。进出清洁作业区的人员、原料、包装材料、废物、设备等，应有防止交叉污染的措施，如设置人员更衣室更换工作服、工作鞋或鞋套，专用物流通道以及废物通道等。对于通过管道输送的粉状原料或产品进入清洁作业区，需要设计和安装适当的空气过滤系统。

4.1.7 各作业区净化级别应满足特殊医学用途食品加工对空气净化的需要。固态产品和液态产品清洁作业区和准清洁作业区的空气洁净度应分别符合表1、表2的要求，并应定期进行检测。

表1　固态产品清洁作业区和准清洁作业区的空气洁净度控制要求

项目		要求		检验方法
		准清洁作业区	清洁作业区	
尘埃数/m³	≥0.5μm	—	≤7,000,000	按GB/T 16292 测定，测定状态为静态
	≥5μm	—	≤60,000	
换气次数ᵃ（每小时）		—	10～15	—
细菌总数（CFU/皿）		≤30	≤15	按GB/T 18204.1中自然沉降法测定
ᵃ换气次数适用于层高小于4.0m的清洁作业区。				

表2　液态产品清洁作业区的空气洁净度控制要求

项目		要求	检验方法
		清洁作业区	
尘埃数/m³	≥0.5μm	≤3,500,000	按GB/T 16292 测定，测定状态为静态
	≥5μm	≤20,000	
换气次数ᵃ（每小时）		10～15	
细菌总数（CFU/皿）		≤10	按GB/T 18204.1中自然沉降法测定
ᵃ换气次数适用于层高小于4.0m的清洁作业区。			

4.1.8 清洁作业区需保持干燥，应尽量减少供水设施及系统；如无法避免，则应有防护措施，且不应穿越主要生产作业面的上部空间，防止二次污染的发生。

4.1.9 厂房、车间、仓库应有防止昆虫和老鼠等动物进入的设施。

4.2 建筑内部结构与材料

4.2.1 顶棚

4.2.1.1 应符合GB 14881的相关规定。

4.2.1.2 车间等场所的室内顶棚和顶角应易于清扫，防止灰尘积聚、避免结露、长霉或脱落等情形发生。清洁作业区、准清洁作业区及其他食品暴露场所顶棚若为易于藏污纳垢的结构，宜加设平滑易清扫的天花板；若为钢筋混凝土结构，其室内顶棚应平坦无缝隙。

4.2.1.3 车间内平顶式顶棚或天花板应使用无毒、无异味的白色或浅色防水材料建造，若喷涂涂料，应使用防霉、不易脱落且易于清洁的涂料。

4.2.2 墙壁

应符合GB 14881的相关规定。

4.2.3 门窗

应符合GB 14881的相关规定。清洁作业区、准清洁作业区的对外出入口应装设能自动关闭（如安装自动感应器或闭门器等）的门和（或）空气幕。

4.2.4 地面

应符合GB 14881的相关规定。作业中有排水或废水流经的地面，以及作业环境经常潮湿或以水洗方式清洗作业等区域的地面宜耐酸耐碱，并应有一定的排水坡度。

4.3 设施

4.3.1 供水设施

4.3.1.1 应符合GB 14881的相关规定。

4.3.1.2 供水设备及用具应符合国家相关管理规定。

4.3.1.3 供水设施出入口应增设安全卫生设施，防止动物及其他物质进入导致食品污染。

4.3.1.4 使用二次供水的，应符合GB 17051《二次供水设施卫生规范》的规定。

4.3.2 排水设施

4.3.2.1 应符合GB 14881的相关规定。

4.3.2.2 排水系统应有坡度、保持通畅、便于清洁维护，排水沟的侧面和底面接合处应有一定弧度。

4.3.2.3 排水系统内及其下方不应有生产用水的供水管路。

4.3.3 清洁消毒设施

应符合GB 14881的相关规定。

4.3.4 个人卫生设施

4.3.4.1 应符合GB 14881的规定。

4.3.4.2 清洁作业区的入口应设置二次更衣室，进入清洁作业区前设置手消毒设施。

4.3.5 通风设施

4.3.5.1 应符合GB 14881的相关规定。粉状产品生产时清洁作业区还应控制环境温度，必要时控制空气湿度。

4.3.5.2 清洁作业区应安装空气调节设施，以防止蒸汽凝结并保持室内空气新鲜；在有臭味及气体（蒸汽及有毒有害气体）或粉尘产生而有可能污染食品的区域，应有适当的排除、收集或控制装置。

4.3.5.3 进气口应距地面或屋面2m以上，远离污染源和排气口，并设有空气过滤设备。

4.3.5.4 用于食品输送或包装、清洁食品接触面或设备的压缩空气或其他惰性气体应进行过滤净化处理。

4.3.6 照明设施

应符合GB 14881的相关规定。车间采光系数不应低于标准Ⅳ级。质量监控场所工作面的混合照度不宜低于540 lx，加工场所工作面不宜低于220 lx，其他场所不宜低于110 lx，对光敏感测试区域除外。

4.3.7 仓储设施

4.3.7.1 应符合GB 14881的相关规定。

4.3.7.2 应依据原料、半成品、成品、包装材料等性质的不同分设贮存场所，必要时应设有冷藏（冻）库。同一仓库贮存性质不同物品时，应适当分离或分隔（如分类、分架、分区存放等），并有明显的标识。

4.3.7.3 冷藏（冻）库，应装设可正确指示库内温度的温度计、温度测定器或温度自动记录仪等监测温度的设施，对温度进行适时监控，并记录。

5 设备

5.1 生产设备

5.1.1 一般要求

5.1.1.1 应符合GB 14881的相关规定。

5.1.1.2 应制定生产过程中使用的特种设备（如压力容器、压力管道等）的操作规程。

5.1.2 材质

生产设备材质应符合GB 14881的相关规定。

5.1.3 设计

5.1.3.1 应符合GB 14881的相关规定。

5.1.3.2 食品接触面应平滑、无凹陷或裂缝，以减少食品碎屑、污垢及有机物的聚积。

5.1.3.3 与物料接触的设备内壁应光滑、平整、无死角，易于清洗、耐腐蚀，且其内表层应采用不与物料反应、不释放出微粒及不吸附物料的材料。

5.1.3.4 贮存、运输及加工系统（包括重力、气动、密闭及自动系统等）的设计与制造应易于维持其良好的卫生状况。

5.1.3.5 应有专门的区域贮存设备备件，以便设备维修时能及时获得必要的备件；应保持备件贮存区域清洁干燥。

5.1.3.6 生产设备应有明显的运行状态标识，并定期维护、保养和验证。设备安装、维修、保养的操作不应影响产品的质量。设备应进行验证或确认，确保各项性能满足工艺要求。不合格的设备应搬出生产区，未搬出前应有明显标志。

5.1.3.7 用于生产的计量器具和关键仪表应定期进行校验。用于干混合的设备应能保证产品混合均匀。

5.2 监控设备

5.2.1 应符合GB 14881的相关规定。

5.2.2 当采用计算机系统及其网络技术进行关键控制点监测数据的采集和对各项记录的管理时，计算机系统及其网络技术的有关功能可参考附录A的规定。

5.3 设备的保养和维修

5.3.1 应符合GB 14881的相关规定。

5.3.2 每次生产前应检查设备是否处于正常状态，防止影响产品卫生质量的情形发生；出现故障应及时排除并记录故障发生时间、原因及可能受影响的产品批次。

6 卫生管理

6.1 卫生管理制度

应符合GB 14881的相关规定。

6.2 厂房及设施卫生管理

6.2.1 应符合GB 14881的相关规定。

6.2.2 已清洁和消毒过的可移动设备和用具，应放在能防止其食品接触面再受污染的适当场所，并保持适用状态。

6.3 清洁和消毒

6.3.1 应制定有效的清洁和消毒计划和程序，以保证食品加工场所、设备和设施等的清洁卫生，防止食品污染。

6.3.2 在需干式作业的清洁作业区（如干混、粉状产品充填等），对生产设备和加工环境实施有效的干式清洁流程是防止微生物繁殖的最有效方法，应尽量避免湿式清洁。湿式清洁应仅限于可以搬运到专门房间的设备零件或者无法采用干式清洁措施的情况。如果无法采用干式清洁措施，应在受控条件下采用湿式清洁，但应确保能够及时彻底的恢复设备和环境的干燥，使该区域不被污染。

6.3.3 应制定有效的监督流程，以确保关键流程[如人工清洁、就地清洗操作（CIP）以及设备维护等]符合相关规定和标准要求，尤其要确保清洁和消毒方案的适用性，清洁剂和消毒剂的浓度适当，CIP系统符合相关温度和时间要求，且设备在必要时应进行合理的冲洗。

6.3.4 所有生产车间应制定清洁和消毒的周期表，保证所有区域均被清洁，对重要区域、设备和器具应进行特殊的清洁。设备清洁周期和有效性应经验证或合理理由确定。

6.3.5 应保证清洁人员的数量并根据需要明确每个人的责任；所有的清洁人员均应接受良好的培训，清楚污染的危害性和防止污染的重要性；应对清洁和消毒做好记录。

6.3.6 用于不同清洁区内的清洁工具应有明确标识，不得混用。

6.4 人员健康与卫生要求

6.4.1 一般要求

食品加工人员健康管理应符合GB 14881的相关规定。

6.4.2 食品加工人员卫生要求

6.4.2.1 应符合GB14881的相关规定。

6.4.2.2 准清洁作业区及一般作业区的员工应穿着符合相应区域卫生要求的工作服，并配备帽子和工作鞋。清洁作业区的员工应穿着符合该区域卫生要求的工作服（或一次性工作服），并配备帽子（或头罩）、口罩和工作鞋（或鞋罩）。

6.4.2.3 作业人员应经二次更衣和手的清洁与消毒等处理程序方可进入清洁作业区，确保相关人员手的卫生，穿工作服，戴上头罩或帽子，换鞋或穿上鞋罩。清洁作业区及准清洁作业区使用的工作服和工作鞋不能在指定区域以外的地方穿着。

6.4.3 来访者

应符合GB 14881的相关规定。

6.5 虫害控制

应符合GB 14881的相关规定。

6.6 废弃物处理

6.6.1 应符合GB 14881的相关规定。

6.6.2 盛装废弃物、加工副产品以及不可食用物或危险物质的容器应有特别标识且构造合理、不透水，必要时容器应封闭，以防止污染食品。

6.6.3 应在适当地点设置废弃物临时存放设施，并依废弃物特性分类存放，易腐败的废弃物应及时清除。

6.7 有毒有害物管理

清洗剂、消毒剂、杀虫剂以及其他有毒有害物品的管理应符合GB 14881的相关规定。

6.8 污水管理

污水在排放前应经适当方式处理，以符合国家污水排放的相关规定。

6.9 工作服管理

应符合GB 14881的相关规定。

7 原料和包装材料的要求

7.1 一般要求

应符合GB 14881的相关规定。

7.2 原料和包装材料的采购和验收要求

7.2.1 原料和包装材料的采购按照GB 14881的相关规定执行。

7.2.2 企业应建立供应商管理制度，规定供应商的选择、审核、评估程序。

7.2.3 如发现原料和包装材料存在食品安全问题时应向本企业所在辖区的食品安全监管部门报告。

7.2.4 对直接进入干混合工序的原料，应保证外包装的完整性及无虫害及其他污染的痕迹。

7.2.5 对直接进入干混合工序的原料，企业应采取措施确保微生物指标达到终产品标准的要求。对大豆原料应确保脲酶活性为阴性。

7.2.6 应对供应商采用的流程和安全措施进行评估，必要时应进行定期现场评审或对流程进行监控。

7.3 原料和包装材料的运输和贮存要求

7.3.1 企业应按照保证质量安全的要求运输和贮存原料和包装材料。

7.3.2 原料和包装材料在运输和贮存过程应避免太阳直射、雨淋、强烈的温度、湿度变化与撞击等；不应与有毒、有害物品混装、混运。

7.3.3 在运输和贮存过程中，应避免原料和包装材料受到污染及损坏，并将品质的劣化降到最低程度；对有温度、湿度及其他特殊要求的原料和包装材料应按规定条件运输和贮存。

7.3.4 在贮存期间应按照不同原料和包装材料的特点分区存放，并建立标识，标明相关信息和质量状态。

7.3.5 应定期检查库存原料和包装材料，对贮存时间较长，品质有可能发生变化的原料和包装材料，应定期抽样确认品质；及时清理变质或者超过保质期的原料和包装材料。

7.3.6 合格原料和包装材料使用时应遵照"先进先出"或"效期先出"的原则，合理安排使用。

7.3.7 食品添加剂及食品营养强化剂由专人负责管理，设置专库或专区存放，并使用专用登记册（或仓库管理软件）记录添加剂及营养强化剂的名称、进货时间、进货量和使用量等，还应注意其有效期限。

7.3.8 对贮存期间质量容易发生变化的维生素和矿物质等营养强化剂应进行原料合格验证，必要时进行检验，以确保其符合原料规定的要求。

7.3.9 对于含有过敏原的原材料应分区摆放，并做好标识标记，以避免交叉污染。

7.4 其他

应保存原料和包装材料采购、验收、贮存和运输的相关记录。

8 生产过程的食品安全控制

8.1 产品污染风险控制

应符合GB 14881的相关规定。

8.2 微生物污染的控制

8.2.1 温度和时间

8.2.1.1 应根据产品的特点，规定用于杀灭微生物或抑制微生物生长繁殖的方法，如热处理，冷冻或冷藏保存等，并实施有效的监控。

8.2.1.2 应建立温度、时间控制措施和纠偏措施，并进行定期验证。

8.2.1.3 对严格控制温度和时间的加工环节，应建立实时监控措施，并保持监控记录。

8.2.2 湿度

8.2.2.1 应根据产品和工艺特点，对需要进行湿度控制区域的空气湿度进行控制，以减少有害微生物的繁殖；制定空气湿度关键限值，并有效实施。

8.2.2.2 建立实时空气湿度控制和监控措施，定期进行验证，并进行记录。

8.2.3 防止微生物污染

8.2.3.1 应对从原料和包装材料进厂到成品出厂的全过程采取必要的措施，防止微生物的污染。

8.2.3.2 用于输送、装载或贮存原料、半成品、成品的设备、容器及用具，其操作、使用与维护应避免对加工或贮存中的食品造成污染。

8.2.4 加工过程的微生物监控

8.2.4.1 应符合GB14881的相关规定。

8.2.4.2 应参照GB 14881—2013附录A，结合生产工艺及《食品安全国家标准 特殊医学用途配方食品通则》和GB 25596《食品安全国家标准 特殊医学用途婴儿配方食品通则》等相关产品标准的要求，对生产过程制定微生物监控计划，并实施有效监控，以细菌总数及大肠菌群作为卫生水平的指示微生物，当监控结果表明有偏离时，应对控制措施采取适当的纠正措施。

8.2.4.3 粉状特殊医学用途配方食品应采用附录B，对清洁作业区环境中沙门氏菌、阪崎肠杆菌和其他肠杆菌制定环境监控计划，并实施有效监控，当监控结果表明有偏离时，应对控制措施采取适当的纠偏措施。

8.3 化学污染的控制

8.3.1 应符合GB 14881的相关规定。

8.3.2 化学物质应与食品分开贮存，明确标识，并应有专人对其保管。

8.4 物理污染的控制

8.4.1 应符合GB 14881的相关规定。

8.4.2 不应在生产过程中进行电焊、切割、打磨等工作，以免产生异味、碎屑。

8.5 食品添加剂和食品营养强化剂

8.5.1 应依照食品安全国家标准规定的品种、范围、用量合理使用食品添加剂和食品营养强化剂。

8.5.2 在使用时对食品添加剂和食品营养强化剂准确称量，并做好记录。

8.6 包装

8.6.1 应符合GB 14881的相关规定。

8.6.2 包装材料应清洁、无毒且符合国家相关规定。

8.6.3 包装材料或包装用气体应无毒，并且在特定贮存和使用条件下不影响食品的安全和产品特性。

8.6.4 可重复使用的包装材料如玻璃瓶、不锈钢容器等在使用前应彻底清洗，并进行必要的消毒。

8.7 特定处理步骤

8.7.1 一般要求

特殊医学用途配方食品的生产工艺中各处理工序应分别符合相应的工艺特定处理步骤的要求，并应符合8.7.2～8.7.9的规定：

8.7.2 热处理

热处理工序应作为确保特殊医学用途配方食品安全的关键控制点。热处理温度和时间应考虑产品属性等因素（如脂肪含量、总固形物含量等）对杀菌目标微生物耐热性的影响。因此应制定相关流程检查温度和时间是否偏离，并采取恰当的纠正措施。

如购进的大豆原料没有经过加热灭酶处理（或灭酶不彻底），此类豆基产品应通过热处理同时达到杀灭致病菌和彻底灭酶的效果（脲酶为阴性），并作为关键控制点进行监控。

热处理中时间、温度、灭酶时间等关键工艺参数应有记录。

8.7.3 中间贮存

在特殊医学用途配方食品的生产过程中，对液态半成品中间贮存应采取相应的措施防止微生物的生长。粉状特殊医学用途配方食品干法生产中裸露的原料粉或湿法生产中裸露的粉状半成品应保存在清洁作业区。

8.7.4 液态特殊医学用途配方食品商业无菌操作

应采用附录C的操作指南进行。

8.7.5 粉状特殊医学用途配方食品从热处理到干燥的工艺步骤

生产粉状特殊医学用途配方食品过程中，从热处理到干燥前的输送管道和设备应保持密闭，并定期进行彻底的清洁、消毒。

8.7.6 冷却

干燥后的裸露粉状半成品应在清洁作业区内冷却。

8.7.7 粉状特殊医学用途食品干法工艺和干湿法复合工艺中干混合的关键因素控制

8.7.7.1 与空气环境接触的裸粉工序（如预混及分装、配料、投料）需在清洁作业区内进行。清洁作业区的温度和相对湿度应与粉状特殊医学用途食品的生产工艺相适应。无特殊要求时，温度应不高于25℃，相对湿度应在65%以下。

8.7.7.2 配料应计量准确，食品添加剂和食品营养强化剂计量应有复核过程。

8.7.7.3 与混合均匀性有关的关键工艺参数（如混合时间等）应予以验证；对混合的均匀性应进行确认。

8.7.7.4 正压输送物料所需的压缩空气，需经过除油、除水、洁净过滤及除菌处理后方可使用。

8.7.7.5 原料、包装材料、人员应制定严格的卫生控制要求。原料应经必要的保洁程序和物料通道进入作业区，应遵循去除外包装，或经过外包装消毒的处理程序。

8.7.8 粉状特殊医学用途配方食品内包装工序的关键因素控制

8.7.8.1 内包装工序应在清洁作业区内进行。

8.7.8.2 应只允许相关工作人员进入包装室，原料和包装材料、人员的要求参照8.7.7.5和6.4.2的规定。

8.7.8.3 使用前应检查包装材料的外包装是否完好，以确保包装材料未被污染。

8.7.8.4 生产企业应采用有效的异物控制措施，预防和检查异物，如设置筛网、强磁铁、金属探测器等，对这些措施应实施过程监控或有效性验证。

8.7.8.5 不同品种的产品在同一条生产线上生产时，应有效清洁并保存清场记录，确保产品切换不对下一批产品产生影响。

8.7.9 生产用水的控制

8.7.9.1 与食品直接接触的生产用水、设备清洗用水、冰和蒸汽等应符合GB 5749《生活饮用水卫生标准》的相关规定。

8.7.9.2 食品加工中蒸发或干燥工序中的回收水、循环使用的水可以再次使用，但应确保其对食品的安全和产品特性不造成危害，必要时应进行水处理，并应有效监控。

8.7.9.3 生产液体产品时，与产品直接接触的生产用水应根据产品的特点，采用去离子法或离子交换法、反渗透法或其他适当的加工方法制得，以确保满足产品质量和工艺的要求。

9 验证

9.1 需对生产过程进行验证以确保整个工艺的重现性及产品质量的可控性。生产验证应包括厂房、设施及设备安装确认、运行确认、性能确认和产品验证。

9.2 应根据验证对象提出验证项目、制定验证方案，并组织实施。

9.3 产品的生产工艺及关键设施、设备应按验证方案进行验证。当影响产品质量（包括营养成分）的主要因素，如工艺、质量控制方法、主要原辅料、主要生产设备等发生改变时，以及生产一定周期后，应进行再验证。

9.4 验证工作完成后应写出验证报告，由验证工作负责人审核、批准。验证过程中的数据和分析内容应以文件形式归档保存。验证文件应包括验证方案、验证报告、评价和建议、批准人等。

10 检验

10.1 应符合GB 14881的相关规定。

10.2 应逐批抽取代表性成品样品，按国家相关法规和标准的规定进行检验并保留样品。

10.3 应加强实验室质量管理，确保检验结果的准确性和真实性。

11 产品的贮存和运输

11.1 应符合GB 14881的相关规定。

11.2 产品的贮存和运输应符合产品标签所标识的贮存条件。

11.3 仓库中的产品应定期检查，必要时应有温度记录和（或）湿度记录，如有异常应及时处理。

11.4 经检验后的产品应标识其质量状态。

11.5 产品的贮存和运输应有相应的记录，产品出厂有出货记录，以便发现问题时，可迅速召回。

12 产品追溯和召回

12.1 应建立产品追溯制度，确保对产品从原料采购到产品销售的所有环节都可进行有效追溯。

12.2 应建立产品召回制度。当发现某一批次或类别的产品含有或可能含有对消费者健康造成危害的因素时，应按照国家相关规定启动产品召回程序，及时向相关部门通告，并作好相关记录。

12.3 应对召回的食品采取无害化处理、销毁等措施，并将食品召回和处理情况向相关部门报告。

12.4 应建立客户投诉处理机制。对客户提出的书面或口头意见、投诉，企业相关管理部门应作记录并查找原因，妥善处理。

13 培训

13.1 应符合GB 14881的相关规定。

13.2 应根据岗位的不同需求制定年度培训计划，进行相应培训，特殊工种应持证上岗。

14 管理制度和人员

14.1 应符合GB 14881的相关规定。

14.2 应建立健全企业的食品安全管理制度，采取相应管理措施，对特殊医学用途配方食品的生产实施从原料进厂到成品出厂全过程的安全质量控制，保证产品符合法律法规和相关标准的要求。

14.3 应建立食品安全管理机构，负责企业的食品安全管理。

14.4 食品安全管理机构负责人应是企业法人代表或企业法人授权的负责人。

14.5 机构中的各部门应有明确的管理职责，并确保与质量、安全相关的管理职责落实到位。各部门应有效分工，避免职责交叉、重复或缺位。对厂区内外环境、厂房设施和设备的维护和管理、生产过程质量安全管理、卫生管理、品质追踪等制定相应管理制度，并明确管理负责人与职责。

14.6 食品安全管理机构中各部门应配备经专业培训的食品安全管理人员，宣传贯彻食品安全法规及有关规章制度，负责督查执行的情况并做好有关记录。

15 记录和文件管理

15.1 记录管理

15.1.1 应符合GB 14881的相关规定。

15.1.2 各项记录均应由执行人员和有关督导人员复核签名或签章，记录内容如有修改，应保证可以清楚辨认原文内容，并由修改人在修改文字附近签名或签章。

15.1.3 所有生产和品质管理记录应由相关部门审核，以确定所有处理均符合规定，如发现异常现象，应立即处理。

15.2 文件管理

应按GB 14881的相关要求建立文件的管理制度，建立完整的质量管理档案，文件应分类归档、保存。分发、使用的文件应为批准的现行文本。已废除或失效的文件除留档备查外，不应在工作现场出现。

16 食品安全控制措施有效性的监控与评价

采用附录C 的监控与评价措施，确保粉状特殊医学用途配方食品安全控制措施的有效性。

附录A

特殊医学用途配方食品生产企业计算机系统应用指南

A.1 特殊医学用途配方食品生产企业的计算机系统应能满足《食品安全法》及其相关法律法规与标准对食品安全的监管要求，应形成从原料进厂到产品出厂在内各环节有助于食品安全问题溯源、追踪、定位的完整信息链，应能按照监管部门的要求提交或远程报送相关数据。该计算机系统应符合（但不限于）A.2～A.11的要求。

A.2 系统应包括原料采购与验收、原料贮存与使用、生产加工关键控制环节监控、产品出厂检验、产品贮存与运输、销售等各环节与食品安全相关的数据采集和记录保管功能。

A.3 系统应能对本企业相关原料、加工工艺以及产品的食品安全风险进行评估和预警。

A.4 系统和与之配套的数据库应建立并使用完善的权限管理机制，保证工作人员帐号/密码的强制使用，在安全架构上确保系统及数据库不存在允许非授权访问的漏洞。

A.5 在权限管理机制的基础上，系统应实现完善的安全策略，针对不同工作人员设定相应策略组，以确定特定角色用户仅拥有相应权限。系统所接触和产生的所有数据应保存在对应的数据库中，不应以文件形式存储，确定所有的数据访问都要受系统和数据库的权限管理控制。

A.6 对机密信息采用特殊安全策略确保仅信息拥有者有权进行读、写及删除操所。如机密信息确需脱离系统和数据库的安全控制范围进行存储和传输，应确保：

    a) 对机密信息进行加密存储，防止无权限者读取信息；

    b) 在机密信息传输前产生校验码，校验码与信息（加密后）分别传输，在接收端利用校验码确认信息未被篡改。

A.7 如果系统需要采集自动化检测仪器产生的数据，系统应提供安全、可靠的数据接口，确保接口部分的准确和高可用性，保证仪器产生的数据能够及时准确地被系统所采集。

A.8 应实现完善详尽的系统和数据库日志管理功能，包括：

    a) 系统日志记录系统和数据库每一次用户登录情况（用户、时间、登录计算机地址等）；

    b) 操作日志记录数据的每一次修改情况（包括修改用户、修改时间、修改内容、原内容等）；

    c) 系统日志和操作日志应有保存策略，在设定的时限内任何用户（不包括系统管理员）不能够删除或修改，以确保一定时效的溯源能力。

A.9 详尽制定系统的使用和管理制度，要求至少包含以下内容：

    a) 对工作流程中的原始数据、中间数据、产生数据以及处理流程的实时记录制度，确保整个工作过程能够再现；

    b) 详尽的备份管理制度，确保故障灾难发生后能够尽快完整恢复整个系统以及相应数据；

    c) 机房应配备智能不间断电源（UPS）并与工作系统连接，确保外电断电情况下UPS接替供电并通知工作系统做数据保存和日志操作（UPS应能提供保证系统紧急存盘操作时间的电力）；

    d) 健全的数据存取管理制度，保密数据严禁存放在共享设备上；部门内部的数据共享也应采用权限管理制度，实现授权访问；

    e) 配套的系统维护制度，包括定期的存储整理和系统检测，确保系统的长期稳定运行；

    f) 安全管理制度，需要定期更换系统各部分用户的密码，限定部分用户的登录地点，及时删除不再需要的帐户；

    g) 规定外网登录的用户不应开启和使用外部计算机上操作系统提供的用户/密码记忆功能，防止信息被盗用。

A.10 当关键控制点实时监测数据与设定的标准值不符时，系统能记录发生偏差的日期、批次以及纠正偏差的具体方法、操作者姓名等。

A.11 系统内的数据和有关记录应能够被复制，以供监管部门进行检查分析。

附录B

粉状特殊医学用途配方食品清洁作业区沙门氏菌、阪崎肠杆菌和其他肠杆菌的环境监控指南

B.1 监控目的

B.1.1 由于在卫生条件良好的生产环境中也有可能存在少量的肠杆菌（Enterobacteriaece，简称EB），包括阪崎肠杆菌（Cronobacter属），使经巴氏杀菌后的产品有可能被环境污染，导致终产品中存在微量的肠杆菌。因此应监控生产环境中的肠杆菌，以便确认卫生控制程序是否有效，出现偏差时生产企业应及时采取纠正措施。通过持续监控，获得卫生情况的基础数据，并跟踪趋势的变化。据有关工厂实践表明，降低环境中肠杆菌数量可以减少终产品中肠杆菌（包括阪崎肠杆菌和沙门氏菌）的数量。

为防止污染事件的发生，避免终产品中微生物抽样检测的局限性，应制定环境监控计划。监控计划可作为一种食品安全管理工具，用来对清洁作业区（干燥区域）卫生状况实施评估，并作为危害分析与关键控制点（HACCP）的基础程序。

B.1.2 在制定监控计划时应考虑以下沙门氏菌、阪崎肠杆菌及其他肠杆菌的生态学特征等因素，阪崎肠杆菌的监控仅适用于特殊医学用途婴幼儿配方产品。

沙门氏菌在干燥环境中极少发现，但还应制定监控计划来预防沙门氏菌的进入，评估生产环境中卫生控制措施的有效性，指导有关人员在检出沙门氏菌的情况下，防止其进一步扩散。

阪崎肠杆菌比沙门氏菌更容易在干燥环境中发现。如果采用适当的取样和测试方法，阪崎肠杆菌更易被检出。应制定监控计划来评估阪崎肠杆菌数量是否增长，并采取有效措施防止其增长。

肠杆菌散布广泛，是干燥环境的常见菌群，且容易检测。肠杆菌可作为生产过程及环境卫生状况的指标菌。

B.2 设计取样方案应考虑的因素

B.2.1 产品种类和工艺过程

应根据产品特点、消费者年龄和健康状况来确定取样方案的需求和范围。本标准中将沙门氏菌和阪崎肠杆菌规定为致病菌。

监控的重点应放在微生物容易藏匿孳生的区域，如干燥环境的清洁作业区。应特别关注该区域与相邻较低卫生级别区域的交界处及靠近生产线和设备且容易发生污染的地方，如封闭设备上用于偶尔检查的开口。应优先监控已知或可能存在污染的区域。

B.2.2 监控计划的两种样本

B.2.2.1 从不接触食品的表面采样，如设备外部、生产线周围的地面、管道和平台。在这些情况下，污染风险程度和污染物含量将取决于生产线和设备的位置和设计。

B.2.2.2 从直接接触食品的表面采样，如从喷粉塔到包装前之间可能直接污染产品的设备，如筛尾的结团配方粉因吸收水分，微生物容易孳生。如果食品接触表面存在指标菌、阪崎肠杆菌或沙门氏菌，表明产品受污染的风险很高。

B.2.3 目标微生物

沙门氏菌和阪崎肠杆菌是主要的目标微生物，但可将肠杆菌作为卫生指标菌。肠杆菌的含量可显示沙门氏菌存在的可能性，以及沙门氏菌和阪崎肠杆菌生长的条件。

B.2.4 取样点和样本数量

样本数量应随着工艺和生产线的复杂程度而加以调整。

取样点应为微生物可能藏匿或进入而导致污染的地方。可以根据有关文献资料确定取样点，也可以根据经验和专业知识或者工厂污染调查中收集的历史数据确定取样点。应定期评估取样点，并根据特殊情况，如重大维护、施工活动、或者卫生状况变差时，在监控计划中增加必要的取样点。

取样计划应全面，且具有代表性，应考虑不同类型生产班次以及这些班次内的不同时间段进行科学合理取样。为验证清洁措施的效果，应在开机生产前取样。

B.2.5　取样频率

根据B.2.1的因素决定取样的频率，按照在监控计划中现有各区域微生物存在的数据来确定。如果没有此类数据，应充分收集资料，以确定合理的取样频率，包括长期收集沙门氏菌或阪崎肠杆菌的发生情况。

根据检测结果和污染风险严重程度来调整环境监控计划实施的频率。当终产品中检出致病菌或指标菌数量增加时，应加强环境取样和调查取样，以确定污染源。当污染风险增加时（比如进行维护、施工、或湿清洁之后），也应适当增加取样频率。

B.2.6　取样工具和方法

根据表面类型和取样地点来选择取样工具和方法，如刮取表面残留物或吸尘器里的粉尘直接作为样本，对于较大的表面，采用海绵（或棉签）进行擦拭取样。

B.2.7　分析方法

分析方法应能够有效检出目标微生物，具有可接受的灵敏度，并有相关记录。在确保灵敏度的前提下，可以将多个样品混在一起检测。如果检出阳性结果，应进一步确定阳性样本的位置。如果需要，可以用基因技术分析阪崎肠杆菌来源以及粉状特殊医学用途配方食品污染路径的有关信息。

B.2.8　数据管理

监控计划应包括数据记录和评估系统，如趋势分析。一定要对数据进行持续的评估，以便对监控计划进行适当修改和调整。对肠杆菌和阪崎肠杆菌数据实施有效管理，有可能发现被忽视的轻度或间断性污染。

B.2.9　阳性结果纠偏措施

监控计划的目的是发现环境中是否存在目标微生物。在制定监控计划前，应制定接受标准和应对措施。监控计划应规定具体的行动措施并阐明相应原因。相关措施包括：不需采取行动（没有污染风险）、加强清洁、污染源追踪（增加环境测试）、评估卫生措施、扣留和检测产品。

生产企业应制定检出肠杆菌和阪崎肠杆菌后的行动措施，以便在出现异常时准确应对。对卫生程序和控制措施应进行评估。当检出沙门氏菌时应立即采取纠偏行动，并且评估阪崎肠杆菌趋势和肠杆菌数量的变化，具体采取何种行动取决于产品被沙门氏菌和阪崎肠杆菌污染的可能性。

附录C

液态特殊医学用途配方食品商业无菌操作指南

C.1 总体要求

除了在本标准中适用于液态特殊医学用途配方食品的规定外,对于液态产品的商业无菌操作应符合C.2～C.6的规定。

C.2 产品工艺

C.2.1 各项工艺操作应在符合工艺要求的良好状态下进行。

C.2.2 与空气环境接触的工序(如称量、配料)、灌装间以及有特殊清洁要求的辅助区域需满足液态产品清洁作业区的要求。

C.2.3 产品的所有输送管道和设备应保持密闭。

C.2.4 液体产品生产过程需要过滤的,应注意选用无纤维脱落且符合卫生要求的滤材,禁止使用石棉作滤材。

C.2.5 生产过程中应制定防止异物进入产品的控制措施。

C.3 包装容器的洗涤、灭菌和保洁

C.3.1 应使用符合食品安全国家标准和卫生行政部门许可使用的食品容器、包装材料、洗涤剂、消毒剂。

C.3.2 最终清洗后的包装材料、容器和设备的处理应避免被再次污染。

C.3.3 在无菌灌装系统中使用的包装材料应采取适当方法进行灭菌,需要时还应进行清洗及干燥。灭菌后应置于清洁作业区内冷却备用。贮存时间超过规定期限应重新灭菌。

C.4 无菌灌装工艺的产品加工设备的洗涤、灭菌和保洁

C.4.1 生产前应使用高温加压的水、过滤蒸汽、新鲜蒸馏水或其他适合的处理剂,用于产品高温保持灭菌部位或管路下游所有的管路、阀门、泵、缓冲罐、喂料斗以及其他产品接触表面的清洁消毒。应确保所有与产品直接接触的表面达到无菌灌装的要求,并保持该状态直到生产结束。

C.4.2 灌装及包装设备的无菌仓应清洁灭菌,并在产品开始灌装前达到无菌灌装的要求,且保持该状态直到生产结束。当灭菌失败时无菌仓应重新灭菌。在灭菌时,时间、温度、消毒剂浓度等关键指标需要进行监控和记录。

C.5 产品的灌装

C.5.1 产品的灌装应使用自动机械装置,不得使用手工操作。

C.5.2 凡需要灌装后灭菌的产品,从灌封到灭菌的时间应控制在工艺规程要求的时间限度内。

C.5.3 对于最终灭菌产品,应根据所用灭菌方法的效果确定灭菌前产品微生物污染水平的监控标准,并定期监控。

C.6 产品的热处理

C.6.1 需根据产品加热的特性以及特定目标微生物的致死动力学建立适合的热处理过程。产品加热至灭菌温度,并应在该温度保持一定时间以确保达到商业无菌。所有的热处理工艺都应经过验证,以确保

工艺的重现性及可靠性。

C.6.2 液态产品应尽可能采用热力灭菌法，热力灭菌通常分为湿热灭菌和干热灭菌。应通过验证确认灭菌设备腔室内待灭菌产品和物品的装载方式。每次灭菌均应记录灭菌过程的时间-温度曲线。应有明确区分已灭菌产品和待灭菌产品的方法。应把灭菌记录作为该批产品放行的依据之一。

C.6.3 采用无菌灌装工艺的持续流动产品，应在高温保持灭菌部位或管路流动的时间内保持灭菌温度以达到商业无菌。因而，要准确地确认产品类型，每种产品的流动速率、管线长度、高温保留灭菌部位的尺寸及设计。如果使用蒸汽注入或者蒸汽灌输方式，还需要考虑由蒸汽冷凝带入的水引起的产品体积增加。

中华人民共和国国家标准

GB 13432—2013

食品安全国家标准

预包装特殊膳食用食品标签

2013-12-26 发布　　　　　　　　　　　　2015-07-01 实施

中华人民共和国
国家卫生和计划生育委员会　发 布

前　言

本标准代替 GB 13432—2004《预包装特殊膳食用食品标签通则》。

本标准与 GB 13432—2004 相比，主要变化如下：

——修改了标准名称；

——修改了特殊膳食用食品的定义，明确了其包含的食品类别（范围）；

——修改了基本要求；

——修改了强制标示内容的部分要求；

——合并了允许标示内容和推荐标示内容，修改为可选择标示内容；

——修改了能量和营养成分的含量声称要求；

——删除了能量和营养成分的比较声称；

——修改了能量和营养成分的功能声称用语；

——删除了原标准附录 A；

——增加了附录 A 特殊膳食用食品的类别。

食品安全国家标准
预包装特殊膳食用食品标签

1 范围

本标准适用于预包装特殊膳食用食品的标签（含营养标签）。

2 术语和定义

GB 7718中规定的以及下列术语和定义适用于本标准。

2.1 特殊膳食用食品

为满足特殊的身体或生理状况和（或）满足疾病、紊乱等状态下的特殊膳食需求，专门加工或配方的食品。这类食品的营养素和（或）其他营养成分的含量与可类比的普通食品有显著不同。

特殊膳食用食品所包含的食品类别见附录A。

2.2 营养素

食物中具有特定生理作用，能维持机体生长、发育、活动、繁殖以及正常代谢所需的物质，包括蛋白质、脂肪、碳水化合物、矿物质及维生素等。

2.3 营养成分

食物中的营养素和除营养素以外的具有营养和（或）生理功能的其他食物成分。

2.4 推荐摄入量

可以满足某一特定性别、年龄及生理状况群体中绝大多数个体需要的营养素摄入水平。

2.5 适宜摄入量

营养素的一个安全摄入水平。是通过观察或实验获得的健康人群某种营养素的摄入量。

3 基本要求

预包装特殊膳食用食品的标签应符合GB 7718规定的基本要求的内容，还应符合以下要求：
——不应涉及疾病预防、治疗功能；
——应符合预包装特殊膳食用食品相应产品标准中标签、说明书的有关规定；
——不应对0~6月龄婴儿配方食品中的必需成分进行含量声称和功能声称。

4 强制标示内容

4.1 一般要求

预包装特殊膳食用食品标签的标示内容应符合GB 7718中相应条款的要求。

4.2 食品名称

只有符合2.1定义的食品才可以在名称中使用"特殊膳食用食品"或相应的描述产品特殊性的名称。

4.3 能量和营养成分的标示

4.3.1 应以"方框表"的形式标示能量、蛋白质、脂肪、碳水化合物和钠，以及相应产品标准中要求的其他营养成分及其含量。方框可为任意尺寸，并与包装的基线垂直，表题为"营养成分表"。如果产品根据相关法规或标准，添加了可选择性成分或强化了某些物质，则还应标示这些成分及其含量。

4.3.2　预包装特殊膳食用食品中能量和营养成分的含量应以每 100 g（克）和（或）每 100 mL（毫升）和（或）每份食品可食部中的具体数值来标示。当用份标示时，应标明每份食品的量，份的大小可根据食品的特点或推荐量规定。如有必要或相应产品标准中另有要求的，还应标示出每 100 kJ（千焦）产品中各营养成分的含量。

4.3.3　能量或营养成分的标示数值可通过产品检测或原料计算获得。在产品保质期内，能量和营养成分的实际含量不应低于标示值的 80%，并应符合相应产品标准的要求。

4.3.4　当预包装特殊膳食用食品中的蛋白质由水解蛋白质或氨基酸提供时，"蛋白质"项可用"蛋白质"、"蛋白质（等同物）"或"氨基酸总量"任意一种方式来标示。

4.4　食用方法和适宜人群

4.4.1　应标示预包装特殊膳食用食品的食用方法、每日或每餐食用量，必要时应标示调配方法或复水再制方法。

4.4.2　应标示预包装特殊膳食用食品的适宜人群。对于特殊医学用途婴儿配方食品和特殊医学用途配方食品，适宜人群按产品标准要求标示。

4.5　贮存条件

4.5.1　应在标签上标明预包装特殊膳食用食品的贮存条件，必要时应标明开封后的贮存条件。

4.5.2　如果开封后的预包装特殊膳食用食品不宜贮存或不宜在原包装容器内贮存，应向消费者特别提示。

4.6　标示内容的豁免

当预包装特殊膳食用食品包装物或包装容器的最大表面面积小于 10 cm^2 时，可只标示产品名称、净含量、生产者（或经销者）的名称和地址、生产日期和保质期。

5　可选择标示内容

5.1　能量和营养成分占推荐摄入量或适宜摄入量的质量百分比

在标示能量值和营养成分含量值的同时，可依据适宜人群，标示每100 g（克）和（或）每100 mL（毫升）和（或）每份食品中的能量和营养成分含量占《中国居民膳食营养素参考摄入量》中的推荐摄入量（RNI）或适宜摄入量（AI）的质量百分比。无推荐摄入量（RNI）或适宜摄入量（AI）的营养成分，可不标示质量百分比，或者用"–"等方式标示。

5.2　能量和营养成分的含量声称

5.2.1　能量或营养成分在产品中的含量达到相应产品标准的最小值或允许强化的最低值时，可进行含量声称。

5.2.2　某营养成分在产品标准中无最小值要求或无最低强化量要求的，应提供其他国家和（或）国际组织允许对该营养成分进行含量声称的依据。

5.2.3　含量声称用语包括"含有"、"提供"、"来源"、"含"、"有"等。

5.3　能量和营养成分的功能声称

5.3.1　符合含量声称要求的预包装特殊膳食用食品，可对能量和（或）营养成分进行功能声称。功能声称的用语应选择使用 GB 28050 中规定的功能声称标准用语。

5.3.2　对于 GB 28050 中没有列出功能声称标准用语的营养成分，应提供其他国家和（或）国际组织关于该物质功能声称用语的依据。

附录 A

特殊膳食用食品的类别

特殊膳食用食品的类别主要包括：

a）婴幼儿配方食品：

　　1）婴儿配方食品；

　　2）较大婴儿和幼儿配方食品；

　　3）特殊医学用途婴儿配方食品；

b）婴幼儿辅助食品：

　　1）婴幼儿谷类辅助食品；

　　2）婴幼儿罐装辅助食品；

c）特殊医学用途配方食品（特殊医学用途婴儿配方食品涉及的品种除外）；

d）除上述类别外的其他特殊膳食用食品（包括辅食营养补充品、运动营养食品，以及其他具有相应国家标准的特殊膳食用食品）。